秦人伟 男，1944年生，上海市人，教授级高级工程师。1966年毕业于华东化工学院，毕业后在中国食品发酵工业研究所工作。1970年以来长期致力于研究节能减排理论和衡算，研发低压蒸汽再压缩工艺与装置，设计食品发酵企业节能减排工程。曾完成"轻工资源综合利用及环境保护研究"项目，获1993年原轻工业部科技进步一等奖。

程言君 男，1965年生，毕业于原轻工业部科学研究院，环境工程专业，研究员，硕士研究生导师，中共党员。轻工业环境保护研究所所长、党总支副书记。长期从事环境监测与环境影响评价、技术政策、环保行业标准、循环经济节能减排及土地修复等方面的研究。2010年入选"新世纪百千万人才工程"北京市级人选，2013年获国务院颁发的政府特殊津贴。

简玉平 女，1963年生，清洁生产高级审核师。轻工业环保研究所工作。主要从事环境保护政策和指南研究、清洁生产技术应用研究。2013年完成"清洁生产标准 味精工业"研究，获中国轻工业联合会科学进步二等奖；2010年完成"中小企业清洁生产服务标准化研究"，获北京市科学技术研究院优秀科技成果奖。

食品工业节能减排和清洁生产

秦人伟　程言君　简玉平
主　编

中国轻工业出版社

图书在版编目（CIP）数据

食品工业节能减排和清洁生产/秦人伟，程言君，简玉平主编．
—北京：中国轻工业出版社，2018.7
ISBN 978-7-5184-1907-4

Ⅰ.①食… Ⅱ.①秦… ②程… ③简… Ⅲ.①食品工业—节能减排
②食品工业—无污染工艺 Ⅳ.①TS2

中国版本图书馆 CIP 数据核字（2018）第 050940 号

责任编辑：江 娟 车向前 责任终审：滕炎福 整体设计：锋尚设计
策划编辑：江 娟 责任校对：晋 洁 责任监印：张 可

出版发行：中国轻工业出版社（北京东长安街 6 号，邮编：100740）
印 刷：三河市万龙印装有限公司
经 销：各地新华书店
版 次：2018 年 7 月第 1 版第 1 次印刷
开 本：787×1092 1/16 印张：13.25
字 数：230 千字
书 号：ISBN 978-7-5184-1907-4 定价：65.00 元
邮购电话：010 – 65241695
发行电话：010 – 85119835 传真：85113293
网 址：http：//www.chlip.com.cn
Email：club@ chlip.com.cn
如发现图书残缺请与我社邮购联系调换
171397K1X101ZBW

前　言

食品工业是以粮食和农副产品为主要原料的加工工业，由农副食品加工业、食品制造业、酒与饮料制造业三大类的 56 个小类行业组成，生产几千种产品。 从该工业年生产总值和利税、小类行业总数、生产企业总数和工作人员数量分析，它是我国最大的工业部门之一。

改革开放以来，食品工业经不断发展，已成为国家的主要支柱产业，对国民经济的发展起到重要的推动作用，并已成为具有潜力的增长点。 未来，食品工业仍将以较高年平均增长速度发展，并且在我国消费中的比重还会大幅提升。

长期以来，食品工业的节能减排和清洁生产及其审核，以节水及减少污染物的排放为主，但尚不能完全反映该工业的发展规律。 从国家发展改革委员会、工业和信息化部、环境保护部分别发布的《发酵（酒精、味精、柠檬酸）行业清洁生产评价指标体系（试行）》《轻工（啤酒、酒精、味精、柠檬酸、制糖、制盐）行业节能减排先进适用技术指南》《啤酒制造业、食用植物油工业、甘蔗制糖业、纯牛乳业、全脂奶粉业、白酒制造业、味精工业、淀粉（玉米）行业、葡萄酒制造业、酒精制造业清洁生产标准》，以及中国饮料工业协会制定的《饮料制造综合能耗限额》，并纵观食品工业 56 个行业的生产工艺，可以发现除谷物磨制、饲料等少数行业外，从总体上讲食品生产的主要能耗应来自蒸汽消耗。

食品工业发展迅速，但发展中存在的问题不容忽视，主要是该工业各行业平均规模小，大中型企业偏少，市场竞争结构分散，集约化进程缓慢，全国 1180 万家获得许可证的食品生产经营企业中，绝大部分在数十人以下，"小、弱、散"格局没有得到根本改变。 大量中小微型企业技术和管理水平不高，产品质量得不到可靠保障，同时，原料加工程度低，生产能耗高，综合利用程度低，一般性、资源性的传统产品多，高技术、高附加值的产品少，环境污染和废水排放不达标的状况不容忽视。

本书面向从事食品工业生产的各类工作人员，介绍行业节能减排概况，提供节能减排和清洁生产的基本理论、工艺设备、工程技术、评估方法，以及能源原始实物量综合能耗与生产消耗能源综合能耗的衡算，加热蒸汽潜热与单元操作消耗热焓（包括二次蒸汽热焓）的衡算。同时，介绍近十年以来食品工业的节能减排和清洁生产的新工艺与新技术。

本书由秦人伟、程言君、简玉平、张露、杨侯剑、刘春红、王洁、王晓龙、王异静、薛洁、刁晓华、何旭丹、高明晓等 13 人编写。本书可供节能节水部门、食品生产企业、科研院校、环境工程公司、清洁生产中心的有关科技人员、研究人员以及工作人员参阅。

书中难免有不当之处，敬请读者给予指正。

编者

2017 年 12 月

目　录

绪　论　中国食品工业节能减排与清洁生产概况　　001

　　第一节　食品工业的行业管理　　002
　　第二节　食品工业节能减排的主要指标及潜力　　003
　　第三节　节能减排和清洁生产的管理和问题　　004

第一章　食品工业生产的耗能点与污染源　　007

　　第一节　淀粉质与糖质生产发酵产品耗能点和污染源　　008
　　第二节　农副产品原料生产食品产品耗能点和污染源　　026
　　第三节　食品工业生产耗能点与污染源的确定原则　　044

第二章　食品工业节能理论与潜力　　045

　　第一节　食品工业生产耗能概况　　046
　　第二节　食品工业生产能耗标准与估算　　048
　　第三节　食品工业生产节能审核原则与评估　　053
　　第四节　食品工业生产节能节汽衡算与计算　　057
　　第五节　食品工业的能耗定额　　067
　　第六节　食品工业节能潜力　　072

第三章　食品工业的废水处理和减排　　079

　　第一节　食品工业固体废弃物的减排　　080
　　第二节　食品工业废水与大气固废的污染和减排　　082

第三节　食品工业高浓度废水与综合废水的处理工艺　090

第四节　酒精糟的综合利用与综合废水治理　095

第五节　食品工业综合废水处理工艺与技术的校核　099

第四章　食品工业节能减排技术　103

第一节　节能减排的措施　104

第二节　节能减排的生产工艺　118

第三节　节能减排的设备与装置　124

第四节　食品生产工艺节能减排技术改造　137

第五节　食品工业节能减排的社会环境效益与经济效益　145

第五章　食品工业的清洁生产与审核　149

第一节　食品工业清洁生产概况　150

第二节　清洁生产审核过程　151

第三节　食品生产清洁原料的同位素检测　155

第四节　酒精企业清洁生产与审核　158

第五节　白酒企业清洁生产与审核　164

第六节　啤酒企业清洁生产与审核　169

第七节　味精企业清洁生产与审核　173

第八节　柠檬酸企业清洁生产与审核　177

第九节　酵母企业清洁生产与审核　181

第十节　淀粉企业清洁生产与审核　183

第十一节　制糖企业清洁生产与审核　187

第十二节　饮料企业清洁生产与审核　193

第十三节　井矿制盐企业清洁生产与审核　199

附录一　名词解释　203

附录二　节能减排评估和清洁生产审核　205

参考文献　206

绪 论

中国食品工业节能减排与清洁生产概况

20 世纪 90 年代以来，中国食品工业年均增长速度超过 8%，食品工业占全国工业总产值比重达 8% 以上，食品工业总产值与农业总产值之比超过 1.1：1，成为国民经济第一大支柱产业，对国民经济的发展有很大的推动作用，并已成为极具潜力的新的增长点，2015 年全国食品工业总产值完成了"食品工业'十二五'发展规划"提出的 2015 年目标。2016 年全国食品工业总产值为 11.1 万亿元，占全国工业总产值的 11% 左右，该值高于计算机和通讯及其他电子设备制造业、化学原料和化学品制造业、汽车制造业等新兴产业。

今后，食品工业仍将以 8% 的年平均增长速度发展，它在全国消费中的比重还会提升，特别是我国农副产品加工率不到 55%，而先进国家已达到 80%；发达国家食品工业总产值与农业总产值之比已超过 3：1。估计到 2020 年食品工业总产值将会达到 16 万亿元，利税达到 1.9 万亿元。

第一节 食品工业的行业管理

食品工业按《国民经济行业分类》（GB/T 4754—2017）规定，应由农副食品加工业，食品制造业，酒、饮料和精制茶制造业三大类组成。农副食品加工业包括谷物磨制、饲料加工、食用植物油加工、非食用植物油加工、制糖、畜禽屠宰、肉制品及副产品加工、水产品冷冻加工、鱼糜制品及水产品干腌制加工、水产饲料制造、其他水产饲料制造、蔬菜与水果和坚果加工、淀粉及淀粉制品的制造、豆制品制造、蛋品加工；食品制造业包括糕点与面包制造、饼干及其他焙烤食品制造、糖果与巧克力制造、蜜饯制造、米与面制造、速冻食品制造、方便面及其他方便食品制造、液体乳及乳制品制造、肉与禽类罐头制造、水产品罐头制造、蔬菜与水果罐头制造、味精制造、氨基酸制造、柠檬酸制造、酶制剂制造、酵母制造、酱油与食醋制品制造、其他调味品与发酵制品制造、冷冻饮品及食用冰制造、盐加工、食品及饲料添加剂制造；酒、饮料和精制茶制造业包括酒精制造、白酒制造、啤酒制造、黄酒制造、葡萄酒制造、果酒制造、碳酸饮料制造、果蔬汁与果蔬汁饮料制造、含乳饮料和植物蛋白饮料制造、固体饮料制造、茶饮料及其他饮料制造、精制茶。三大类由 56 种小类行业组成。

56 个行业由中国酒业协会、中国生物发酵产业协会、中国食品工业协会、中国饮料工业协会、中国糖业协会、中国焙烤食品糖制品工业协会、中国食品添加剂与配料协会、中国淀粉工业协会、中国罐头工业协会、中国饲料工业协会、中国乳制品工业协会、中国肉类协会、中国水产流通和加工协会、中国粮油工业协会、中国调味品协会、中国食品科学技术协会等分别进行管理。

第二节 食品工业节能减排的主要指标及潜力

目前，食品生产企业 45.5 万家，规模以上食品企业 7.6 万家（年销售收入 2000 万元以上），需指出的是年销售收入超过 1 亿元的 2 万家企业，以及超过 100 亿元的 70 家龙头企业应是食品工业的主要力量。2016 年，食品工业采用 450 种粮食与农副产品原料、几百个生产工艺、生产几千种产品，总产量达到 12 亿 t，同时，年用水量 100 亿 m^3、耗电 1800 亿 kW·h、消耗 1.5 亿 t 原煤，生产能耗（水电煤）折合标准煤 1.3 亿 tce，用水量、耗电量、原煤量分别占生产总能耗的 0.66%、17.0%、82.3%。该工业年排放废水总量为 50 亿 m^3、排放有机物 2000 万 t，产生食品加工废弃 5 亿 t。

由上可见，原煤消耗量占总综合能耗的八成以上，应着重指出的是，该工业原煤生产加热蒸汽的潜热的 14% 以上是可以回收利用的二次蒸汽热焓，但是，目前二次蒸汽热焓利用率尚不到 1%。可以预料，食品生产企业如能推进节能减排和清洁生产，采用国家和行业推荐的新工艺、新设备与新技术，特别是能将二次蒸汽热焓采用再压缩工艺和热交换技术予以全部回收，以及引进节能的电气设备与变频技术，则可年节约标煤 3250 万 tce（占 2016 年食品生产能耗的 25%），即达到年节水 20 亿 m^3、节电 450 亿 kW·h、节约原煤 3750 亿 t；同比不回收能量的工艺，可减少综合废水排放 10 亿 t、减排有机物 400 万 t，减少燃煤粉尘排放 375 万 t、二氧化硫排放 37.5 万 t；再将部分有机物生产饲料、沼气、燃料，则节能减排总的经济价值可达 2500 亿元以上。

中国食品工业发展较为迅速，但发展中存在的问题不容忽视，主要是该工业各行业平均规模小，大中型企业偏少，规模化、集约化水平低，"小、散、乱、低"的格局普遍，小、微型企业和小作坊数量占全工业的 80%；食品生产的原料与固体废弃物综合利用程度低；生产粗放，工艺并不先进，产品收得率不高，能耗高；食品装备普遍存在能耗较高与自动化程度低；废水排放量大，污染负荷较高，环境污染治理难度较大。2017 年 12 月，中国食品工业协会发布的《中国食品产业发展报告（2012—2017）》指出，"近几年，食品制造业和酒、饮料、精制茶制造业的能源消费总量呈下降趋势，整个食品工业能源消费虽然呈上升趋势，但增长幅度越来越小。2015 年，食品工业能源消费增幅为 0.2%，低于能源消费总量 0.8 个百分点。""食品清洁生产发展滞后，能耗物耗高，水耗和污染物排放仍然较高，节能减排压力较大。我国干制食品吨产品耗电量是发达国家的 2～3 倍，甜菜糖吨耗水量是发达国家 5～10 倍，罐头食品吨耗水量为日本的 3 倍。发酵工业的废水排放量占全国总量的 2.3%，是轻工业重点污染行业之一。2014/2015 制糖期，全国糖厂综合能耗和 COD 排放分别是国外先进水平的 2 倍和 9 倍。农副食品加工能源消费 2015 年的增幅达 2%，仍占能源消费总量较高比例。"这些问题充分说明食品工业的节能减排和清洁生产任务艰巨、困难多，但是潜力也大。

第三节　节能减排和清洁生产的管理和问题

食品工业、行业、企业节能减排和清洁生产拟应包括以下的管理内容：

一、食品工业与行业应引领、组织、管理、培训行业和企业的节能减排和清洁生产，评定科学技术奖项，并向政府部门反映有关困难和问题。

二、组织制订行业的节能减排和清洁生产的标准、规范、政策、规划，以及污染物排放标准。

三、企业需研究、研发，并使用本行业的节能减排和清洁生产新工艺、新技术、新设备。

四、企业对实物的资源、能源与消耗进行衡算，并计算回收利用率。特别是对热过程（传热、加热、冷却、冷凝、蒸发、蒸馏、结晶、干燥、蒸汽灭菌）的潜热与热焓进行衡算。

五、企业尚需撰写申报资源节约和环境保护项目材料、节能评估报告、清洁生产审核报告与申报高中费项目报告、筹建新项目的环境影响报告书等。

六、食品工业、行业、企业需了解本工业和行业的节能减排与清洁生产进展。

七、确定本行业、企业研究和研发的节能减排与清洁生产项目。

目前，食品工业尚未有管理节能减排和清洁生产的统一机构，因此，难以承担属于整个工业的大项目，及解决工业共性难题。2008 年，国家环境保护部主持的"第一次全国污染源普查（食品工业部分）"，食品工业有 10 个有关行业协会、研究院、高校（分属三个大部门）参与 50 个行业普查，正在进行的"第二次全国污染源普查食品工业部分"基本也是如此，而大部分工业则是由一个协会、研究所、公司、研究设计院就可以全部承担。

从技术层面来讲，食品工业和节能减排清洁生产两大领域所辖专业有很大的不同。

食品工业节能减排的生产、研究、攻关、标准项目，理应有熟悉食品加工、发酵生产、设备、节能、公用工程、环境、工业经济的专业人员密切配合共同承担完成。但是，目前该领域的状况是精通生产工艺的食品行业、企业不太了解节能减排和清洁生产，而从事节能减排与清洁生产的有关单位又不太熟悉生产工艺，同时，由于种种的原因，这几部分人员又较难形成强有力的核心，共同完成项目。

食品工业的节能减排和清洁生产的管理存在的具体问题，大大影响了该方面工作的进展与完成。如：某些单位不熟悉生产工艺、耗能点、污染源，面对企业上报的成百上千能耗与环境污染数据难以辨别正确与否，因而制订的节能减排标准与规范，与企业生产有较大差距，特别是生产每吨产品的能耗与环境指标在不同标准有不同值；部分单位不了解食品生产的节能减排基本原理，难以进行企业能源与消耗的衡算，及计算余热余压回收利用率，不能精确提出技术改造项目和清洁生产高中费项目，以产生较高的经济环境效益。

第一章

食品工业生产的耗能点与污染源

食品工业，一类是以淀粉质、糖质、纤维质为主要原料，经生物发酵生产各种发酵食品；另一类是以农副产品为主要原料，不经生物发酵，加工生产各种食品。两大类生产有不少相同之处，但发酵生产与食品加工不同的是，尚需在一定温度下不断扩大培养微生物，增加加热（包括配料、液化、糖化、发酵、灭菌等）单元操作生产，且发酵生产尚需排放高浓度有机废液（即发酵的代谢产物）。因此，发酵生产相比农副产品原料生产食品能耗高，污染大。

第一节　淀粉质与糖质生产发酵产品耗能点和污染源

淀粉质与糖质，包括玉米、薯干、木薯、高粱、小麦、大麦、大米、糖蜜、葡萄、水果等，它们是生产酒精、白酒、啤酒、黄酒、葡萄酒、果酒、淀粉糖、味精、柠檬酸、氨基酸、有机酸、酵母、酶制剂等发酵产品的主要原料。由于可发酵性物质是淀粉，而微生物不能直接利用淀粉发酵生产产品，因此淀粉质原料生产发酵产品需经原料粉碎，以破坏植物细胞组织，便于淀粉游离，再经蒸煮使淀粉糊化，并进一步破坏细胞，形成均一的液化液，使其能更好地接受糖化酶的作用转化为可发酵性糖后，才能被微生物发酵生产各种产品。当然，如果发酵产品的原料是糖蜜、水果，则微生物可以直接利用原料中的糖进行发酵。

一、　发酵产品的基本生产工艺

发酵生产的基本工艺为：原料—粉碎—配料—加热—液化—冷却—糖化—冷却—发酵（保持温度）—浓缩、分离、提取—干燥（有些产品不需要）—产品。由此可见，生产发酵产品的主要设备是配料罐、液化罐、糖化罐、发酵罐、分离与提取设备（如，蒸馏塔、多效蒸发器、结晶罐、离子交换柱、膜分离器）、干燥装置。同时，从液化醪冷却到糖化醪，从糖化醪冷却到发酵醪，保持发酵温度，以及蒸馏、蒸汽浓缩、结晶分离与提取产品，均需大量的冷却水，因而需要配备各种换热设备（列管式热交换器、螺旋板式换热器、蛇管式热交换器、套管式热交换器、喷淋式冷却器等）和冷却水处理装置。

该生产主要耗能工艺为：①淀粉质原料的处理（浸泡）和配料（试剂）用水，糖蜜原料的稀释用水；酵母（菌种）扩大培养用水；液化、糖化、发酵、蒸馏、浓缩、结晶工艺的冷却与冷凝用水；离子交换柱与膜分离设备处理与洗涤用水；各种设备与包装容器洗涤水；车间冲洗水；锅炉房、冷冻机房用水；制纯水设备用水。②各种热能设备的耗汽，包括加热、蒸馏、蒸汽浓缩、结晶、干燥、发酵、灭菌等单元操作。③所有电气装置的耗电，包括粉碎、输送、搅拌、压缩、冷冻、加热单元操作。

发酵生产的污染主要是废水污染，高浓度废水主要是发酵液提取产品后的废醪液、废母液、甑锅底水，及原料浸泡水；中低浓度废水是原料冲洗水，中间产品洗涤水，各种设备、罐、池、反应器、管道、容器、瓶的洗涤水，车间冲洗水，多效蒸发器与结晶器的二次蒸汽冷却水。

二、 酒类与发酵产品的生产工艺

酒精、白酒、啤酒、葡萄酒、黄酒、味精、柠檬酸、淀粉糖、酵母、酶制剂等发酵产品和综合利用生产工艺，及其主要耗能点与污染源，可见图 1 - 1 至图 1 - 31。

1. 酒精生产

酒精生产主要是指发酵酒精生产，以淀粉质、糖蜜或纤维质为原料，经发酵、蒸馏制备食用酒精、医用酒精、工业酒精、变性燃料酒精（不是食品但生产工艺同食用酒精并属中国酒业协会管辖）的行业。淀粉质（玉米、薯干、木薯），糖蜜，秸秆生产酒精工艺分别可见图 1 - 1、图 1 - 2、图 1 - 3。目前，秸秆纤维质原料生产酒精只是处于生产试验阶段。

环境保护部制定的《环境保护综合名录（2015—2017 年版）》均将发酵酒精列入"高污染、高环境风险"目录，"双高"产品的生产将受一系列限制，因而对其发展带来很大影响。

（1）淀粉质原料酒精生产工艺 见图 1 - 1。

原料→粉碎→加配料用水（一定温度），有二次蒸汽→蒸煮，有大量二次蒸汽→冷却→糖化，有二次蒸汽→冷却→接入菌种发酵（厌氧）→发酵成熟醪→蒸馏（产生酒精糟），有大量二次蒸汽→酒精

图 1 - 1 淀粉质原料酒精生产工艺

（2）糖质原料酒精生产工艺 见图 1 - 2。

糖蜜→用水稀释→稀释液（加营养盐）→灭菌，有二次蒸汽→发酵液→接入菌种发酵（厌氧）→发酵成熟醪→蒸馏（产生酒精糟），有大量二次蒸汽→酒精

图 1 - 2 糖蜜原料酒精生产工艺

（3）纤维质原料酒精生产工艺　见图1-3。

玉米秸秆→粉碎及配料→预处理（汽曝），有二次蒸汽→处理液→水解→处理→接入菌种厌氧发酵（加入纤维素酶）→发

酵成熟醪→蒸馏（产生酒精糟），有大量二次蒸汽→酒精

图1-3　纤维质原料酒精生产工艺

从图1-1、图1-2、图1-3可知，酒精生产工艺的主要耗能为：玉米、薯类、秸秆原料耗电粉碎制备脱胚芽玉米粉、薯干粉、纤维质粉；粮薯与秸秆原料用水加热配制醪液，糖蜜稀释配制醪液；耗水、电、汽进行酵母扩大培养；耗大量蒸汽加压进行纤维质原料的预处理、耗蒸汽进行粮薯发酵醪的液化与糖化并耗水冷却醪液、从各原料发酵成熟醪蒸馏分离出酒精蒸汽，并大量耗水将酒精蒸汽冷凝成酒精；各种设备、装置、反应器、管道的蒸汽灭菌和洗涤水；动力车间的耗电和进行各种耗电单元操作；锅炉车间耗水生产软化水。

酒精生产高浓度废水综合利用工艺为：玉米酒精糟生产全糟蛋白饲料（生产工艺见图1-4），酒精糟滤液浓缩工艺产生的二次蒸汽冷凝液和各种洗涤水进入综合废水处理系统；薯类酒精糟滤渣干燥生产饲料或燃料，纤维质酒精糟滤渣干燥生产燃料，薯类与纤维质酒精糟滤液和各种洗涤水进入综合废水处理系统（生产工艺见图1-5）；糖蜜酒精糟生产肥料，浓缩工艺产生的二次蒸汽冷凝液和各种洗涤水进入综合废水处理系统（生产工艺见图1-6）。各种原料的酒精发酵工艺排放的二氧化碳可生产食品级二氧化碳（生产工艺见图1-7）。

（4）玉米酒精糟生产全糟蛋白饲料　见图1-4。

玉米酒精糟→固液分离（产生滤渣）→滤液→浓缩，有大量二次蒸汽→浓缩液与滤渣混合→

干燥，有大量二次蒸汽→蛋白饲料

图1-4　玉米酒精糟生产全糟蛋白饲料

（5）薯类酒精糟生产饲料或燃料　见图1-5。

薯类酒精糟→固液分离（产生滤渣）→滤渣干燥生产饲料或燃料，有大量二次蒸汽→滤液→进废水处理系统

图1-5　薯类酒精糟生产滤渣饲料或燃料

（6）糖蜜酒精糟生产肥料或燃料　见图1-6。

糖蜜酒精糟→ 中和 → 浓缩，有大量二次蒸汽 → 与辅料混合 → 干燥，有大量二次蒸汽 → 生产肥料或燃料

图1-6　糖蜜酒精糟生产肥料或燃料

（7）发酵排放的二氧化碳生产食品级二氧化碳　见图1-7。

二氧化碳原料气→ 水洗（稀酒精回收） → 稀高锰酸钾溶液洗涤 → 水洗涤 → 压缩 → 活性炭吸附 → 分离 →

干燥，有二次蒸汽 → 冷冻 → 贮罐

图1-7　中压法高纯二氧化碳生产工艺

酒精糟生产综合利用产品工艺的耗能为：从图1-4、图1-6可知，玉米酒精糟要耗用大量电进行固液分离，玉米酒精糟滤液与滤渣和糖蜜酒精糟要耗用大量蒸汽浓缩（蒸发器要耗电维持负压运行）和干燥生产饲料和肥料，同时玉米酒精糟滤液与糖蜜酒精糟的浓缩工艺还要消耗大量冷却水将二次蒸汽冷却成冷凝水；从图1-5可知，薯类酒精糟要耗用大量电进行固液分离，酒精糟滤渣要耗用大量蒸汽干燥生产滤渣燃料；纤维素酒精糟也要耗电进行固液分离，木质素渣要耗用大量蒸汽干燥生产燃料。另外，各种原料酒精发酵工艺产生的二氧化碳生产食品级二氧化碳（图1-7），其气体干燥将消耗蒸汽，而压缩与洗涤工艺将消耗电与洗涤水。

酒精生产工艺的主要污染源为：各种原料的发酵成熟醪蒸馏分离酒精工艺，产生的粮薯、糖蜜、纤维质酒精糟的污染负荷很高，化学耗氧量（COD）在55000～120000mg/L，悬浮物（SS）含量在15000～45000mg/L，属高浓度有机废水，必须进行综合利用，中低浓度废水才能进入综合废水处理系统。

酒精生产的综合废水包括精馏塔底冷凝水，各种设备、罐、贮槽、管道的洗涤水，部分不回收利用的冷却水，及酒精糟生产综合利用产品排放的废水。

2. 白酒生产

白酒生产是指以粮谷、薯类或代用品为原料，经固态（半固态）法、固液法、液态法生产工艺的蒸煮、糖化、发酵、蒸馏制备白酒原酒（酒基），并用原酒和（或）食用酒精为酒基、加入食用辅料或食品添加剂，进行调配、混合再加工生产各种白酒产品的行业。

我国白酒生产企业数量极大，全国有证和无证企业长期并存，有7000多家获得生

产许可证，同时还有 14000 多家无证生产的白酒企业。同比有证企业，无证白酒企业的生产能耗和污染负荷要高得多，主要是这些企业生产粗犷。

中国酒业协会发布了《白酒原酒团体标准（征集意见稿）》（中酒协白［2016］12号）。该标准明确了白酒原酒是以粮谷为原料，用大曲、小曲或麸曲及酒母为糖化发酵剂，经蒸煮、糖化、发酵、蒸馏而制成，未添加非白酒发酵产生的呈香呈味物质，可作为白酒基酒或调味酒使用。其中固态法（半固态）白酒原酒，即以粮谷为原料，采用固态（半固态）糖化、发酵、蒸馏而成，可作为固态（或半固态）白酒基酒和调味酒使用，未添加食用酒精及非白酒发酵产生的呈香呈味物质，具有固有风格特征的白酒；固液法白酒原酒，即在固态发酵的酒醅（或特制的香醅）加入液态白酒（粮谷食用酒精）经串蒸（或浸蒸），未添加非白酒发酵产生的呈香呈味物质，具有传统白酒风味，可作为固液法白酒基酒，具有固有风格特征的白酒；液态法白酒原酒，即以粮谷为原料，采用液态糖化、发酵、蒸馏所得的食用酒精，未添加非白酒发酵产生的呈香呈味物质，可作为液态法白酒和固液法白酒的基酒，具有固有风格特征的白酒。多年来，提到白酒生产，一般只认为是固态法（半固态法）白酒生产，实际上，我国生产食用酒精产量的大部分是用于兑制白酒的。食用酒精生产的主要耗能点与污染源已在"酒精部分"详细介绍了。

白酒原酒生产有固态（半固态）法、固液态、液态法三种发酵工艺。讲到白酒就会说到它的香型，即白酒可分为浓香型、酱香型、清香型、米香型、凤香型、兼香型、豉香型、芝麻香型、特香型、药香型、老白干香型、馥郁香型 12 种主要香型。中国酒业协会已经制定了"固态法浓香型、酱香型、小曲清香型白酒原酒标准"（T/CBJ 002—2016、T/CBJ 003—2016、T/CBJ 004—2016）。各种不同香型白酒，有不同的生产工艺，下面介绍固态法清香型、固态法浓香型、固态法芝麻香型三种香型白酒原酒的生产工艺（图 1-8、图 1-9、图 1-10），并介绍固态法白酒机械化生产工艺（图 1-11）。

（1）固态法清香型白酒生产工艺　见图 1-8。

高粱粉等→热水润糁→装甑蒸料，有大量二次蒸汽→出甑加水→扬冷，有二次蒸汽→大麦、豌豆曲粉（制曲低于50℃）→入地缸发酵，有黄水→出缸拌糠→装甑→蒸酒（出甑扬冷、加曲粉入缸再发酵、出缸拌糠、装甑再蒸二渣白酒并产生酒糟），有大量二次蒸汽→冷却水→原酒→大糙、二糙白酒兑制成白酒产品

图 1-8　固态法清香型白酒生产工艺

（2）固态法浓香型白酒生产工艺　见图1－9。

高粱粉、小麦、稻壳等→ 配料（加入母糟） → 装甑 → 蒸料蒸酒，有大量二次蒸汽 → 出甑 → 酒醅（加水） →

小麦曲粉（制曲温度55～60℃）→ 入窖发酵 → 出窖 → 回糟 → 装甑 → 蒸酒（白酒糟），有大量二次蒸汽 →冷却水→原酒→

兑制 →白酒产品

图1－9　固态法浓香型白酒生产工艺

（3）固态法芝麻香型白酒生产工艺　见图1－10。

高粱粉等→ 润料 → 加入麸皮 → 蒸粮，有大量二次蒸汽 →熟粮→ 摊晾，有二次蒸汽 → 加曲粉 →

与白酒糟混合 → 堆积 → 摊凉，有二次蒸汽 → 加酵母 → 入窖发酵 → 蒸酒（出糟摊凉加曲粉入缸再发酵、出缸拌稻壳、装甑再蒸二糟白酒并再次产生酒糟，重复操作蒸三糟白酒弃酒糟），有大量二次蒸汽 →冷

却水→原酒→ 兑制 →白酒产品

图1－10　固态法芝麻香型白酒生产工艺

（4）固态法白酒机械化生产工艺　见图1－11。

泡粮（红高粱、水） → 带压初蒸，有大量二次蒸汽 → 润水 → 带压复蒸，有大量二次蒸汽 → 摊凉 →

下曲 → 控温入箱 → 培菌糖化 → 开箱 → 粮糟混合 → 槽车发酵 → 发酵（黄水与酒尾复吊） → 上甑 →

蒸馏，有大量二次蒸汽 → 冷却水 →原酒→ 兑制 →白酒产品

图1－11　固态法白酒机械化生产工艺

图1－8、图1－9、图1－10、图1－11分别是固态法清香型、固态法浓香型、固态法芝麻香型、固态法机械化白酒产品酒生产工艺，从四个生产工艺图可以看出，白酒生产工艺包括粮谷原料粉碎、蒸料、摊凉、发酵、蒸酒生产原酒，及用原酒配制（兑制）产品酒。

目前，白酒企业有同时生产原酒与产品酒的，但有相当部分白酒生产是从市场购置部分或全部原酒生产配制白酒的。应指出的是，从原料经粉碎、蒸料、发酵、蒸

酒、原酒、兑制工序生产白酒产品，与只用原酒兑制、灌装、包装工序生产配制白酒产品相比，前者生产白酒产品酒的能耗与污染物负荷，要远大于后者只生产配制酒的。可见，白酒企业应根据生产原酒、配制酒、产品酒工艺及产量分析能耗与污染物。还应指出的是，图1-11是先进的固态法白酒机械化生产工艺，相比手工生产工艺，由于采用带压蒸煮和严控工艺指标等，该工艺出酒率高，能耗低，污染物排放量少。

从图1-8至图1-11可知，白酒生产工艺的主要耗能为：粮薯耗电粉碎制备生产原料；粮薯原料用水浸泡与配料；耗大量蒸汽常压与带压蒸料，有时需蒸二、三、四次甚至很多次，显然，生产每批白酒，蒸料（或加入白酒糟）次数越多，耗蒸汽量越大，特别是耗蒸汽常压蒸料时，车间弥漫着大量从甑锅散发出来的二次蒸汽，室温提高了好几度，就可知道耗蒸汽量很大，当然，带压蒸料是密闭的，甑锅会从专门排汽管道向周围环境排出二次蒸汽；耗电鼓风冷却蒸料；甑锅耗大量蒸汽蒸馏酒醅分离白酒，耗大量冷却水将白酒蒸汽冷却成白酒；各种设备、固体发酵池、包装容器、酒瓶的洗涤水，动力车间的耗电，锅炉房耗水生产软化水。

固态发酵法的清糟法工艺，只需将粮食原料加入辅料，经蒸料糊化、扬晾后接入大曲并加水、入窖糖化发酵、最后出窖蒸馏白酒，蒸酒后的酒醅不再配入新原料，只是加曲进行第二次发酵生产白酒并丢弃白酒糟。白酒生产大部分香型采用续糟法工艺，该工艺需将原料多次配入窖池的酒醅，再经蒸酒和蒸料与发酵生产白酒，或者将糊化料与酒糟多次混合，入窖发酵生产白酒。可见，生产同样体积白酒，由于清糟法工艺只需一次蒸料、二次糊化、三次发酵生产白酒，而续糟法工艺需将已经蒸料的酒醅、酒糟二、三次甚至更多次蒸料糊化与发酵蒸馏生产白酒，因此续糟法工艺的生产能耗高于清糟法工艺。国内某著名品牌白酒（酱香型），其生产工艺是高温制曲（60℃以上）、九次蒸料、八次发酵（用曲量大）、高温（53℃）堆积、七次高温（40℃）馏酒等，那么多次"高温""蒸料""馏酒"，生产能耗肯定是高的。

白酒废弃物生产综合利用产品工艺的耗能为：酒醅发酵产生少量黄水（含有残糖、淀粉、残酒等），部分企业将黄水采用酒精沉淀与滤液酯化，用于生产酯化液和高酯调味酒；也有企业将黄水直接进入废水处理系统。有个别的白酒生产企业耗蒸汽将白酒糟干燥，用作燃料后将炉灰生产水玻璃与白炭黑，生产工艺可见图1-12。大部分白酒企业，将白酒糟干燥生产配合饲料或去稻壳后作饲料。

白酒糟→ 干燥，有大量二次蒸汽 → 锅炉燃料生产蒸汽 →稻壳灰→液碱→水玻璃→ 过滤 → 酸解 →白炭黑→

过滤 →滤渣→ 洗涤与均化 → 干燥成产品，有大量二次蒸汽

图 1-12 白酒糟生产水玻璃与白炭黑生产工艺

白酒生产工艺的主要污染源为：甑锅在酒醅蒸馏白酒时，少量白酒蒸汽冷凝成为锅底水，同时一些酒醅落入锅底水，其污染负荷高属于高浓度废水。由于续糟法多次蒸料，因此，其污染负荷也是高于清糟法。

白酒生产的综合废水是蒸煮锅、发酵池、贮罐、设备、酒瓶的洗涤水，部分不能回收利用的冷却水，以及黄水和白酒糟生产综合利用产品产生的废水。

3. 啤酒生产

啤酒生产是以麦芽、辅助原料（玉米）、酒花为主要原料，经糖化、发酵制备各种啤酒产品的行业。该生产包括麦芽制备和发酵制酒两大部分。啤酒生产工艺可见图 1-13。啤酒生产的机械化、自动化程度已达酿酒生产之最。

大麦→ 粗精选 → 用水浸泡 → 发芽 →绿麦芽→ 干燥，有二次蒸汽 → 除根 →成品麦芽→ 麦芽、玉米粉碎 →

配制麦芽醪与玉米醪 → 并醪糊化，有二次蒸汽（包括各罐灭菌） → 糖化，有二次蒸汽 → 麦汁过滤，产生麦糟 →

麦汁煮沸，有大量二次蒸汽 → 澄清冷却，产生热凝固物 → 接入酵母厌氧发酵，产生废酵母 → 后发酵 →

滤酒（稀释） → 灌酒 → 灭菌，有二次蒸汽 →产品

图 1-13 啤酒生产工艺

从图 1-13 可知，啤酒生产工艺的主要耗能为：原料大麦耗电粗选、精选、分级，大麦用水浸泡生产浸渍麦芽，浸渍麦芽耗电调温调湿发芽，耗大量蒸汽干燥生产麦芽产品，干麦芽耗电除根；麦芽与玉米耗电粉碎生产麦芽粉、玉米粉；麦芽粉与玉米粉加水配制醪液；耗水、电、汽进行酵母扩大培养；耗大量蒸汽进行醪液的糊化与糖化；麦芽汁加酒花耗用大量蒸汽较长时间煮沸，冷却后接入酵母厌氧发酵；啤酒生产设备的蒸汽灭菌。糖化与过滤设备、煮沸锅、麦汁处理器与冷却器、酵母罐、贮酒罐、发酵罐、管道、啤酒瓶等的洗涤水、生产纯水及制备纯水设备的处理水，动力车间的耗电和进行各种耗电单元操作。

啤酒废弃物生产综合利用产品工艺的耗能为：啤酒糟耗电耗大量蒸汽干燥生产麦糟

油与膳食纤维，以及生产膨化纤维食品［图1-14（1）与（2）］、啤酒废酵母耗大量蒸汽干燥生产饲料酵母（图1-15）、发酵工艺产生的二氧化碳生产食品级液体二氧化碳等综合利用产品。

（1）麦糟→压滤→滤渣→干燥，有大量二次蒸汽→生产饲料油与酶解生产水溶性膳食纤维

（2）干燥麦糟滤渣→挤压改性→膨化→粉碎→生产纤维食品

图1-14　麦糟油与膳食纤维生产工艺

啤酒废酵母→暂贮存→成浆→干燥，有大量二次蒸汽→产品（饲料酵母）

图1-15　饲料酵母生产工艺

啤酒生产的综合废水主要来自各种设备、罐、容器、瓶的洗涤水，废啤酒，麦糟与酵母的压滤水，反渗透制纯水设备的浓水，以及啤酒糟与啤酒酵母生产综合利用产品产生的废水。

4. 葡萄酒生产

葡萄酒生产是以鲜葡萄为主要原料，经压榨、发酵、调配、灌装，或以葡萄酒原酒调配，灌装制备红、白葡萄酒产品的行业。其中，葡萄酒原酒生产是指以鲜葡萄或葡萄汁为原料，经发酵生产有一定酒精度的葡萄酒原酒的过程；葡萄酒酒庄酒生产是指具有与其生产相匹配的稳定的酿酒葡萄种植园，且具备生产优质葡萄酒的发酵、灌装、陈酿等生产工艺与设备。

中国酒业协会五届理事会三次会议披露2015年全国葡萄酒生产企业220家。红、白葡萄酒生产工艺可见图1-16、图1-17。

（1）红葡萄酒生产工艺　见图1-16。

红葡萄→破碎与除梗→葡萄浆→发酵→分离（皮渣）→葡萄酒→澄清处理→调配→

灭菌→罐装→产品

图1-16　红葡萄酒生产工艺

（2）白葡萄酒生产工艺　见图1-17。

白葡萄 → 分选 → 压榨（皮渣） → 白葡萄汁 → 低温澄清 → 发酵 → 原酒 → 调配 →

澄清 → 过滤 → 灌装 → 产品

图 1-17 白葡萄酒生产工艺

（3）葡萄白兰地酒生产工艺 将葡萄原汁或白葡萄皮渣经配料、发酵、蒸馏、橡木桶陈酿、调配，生产白兰地酒。

从图 1-16、图 1-17 可知，葡萄酒生产工艺的主要耗能为：鲜葡萄耗电破碎、除梗、压榨；耗水、电、汽进行酵母扩大培养与葡萄汁的发酵，控制发酵温度；个别企业耗大量蒸汽将配料蒸馏生产皮渣白兰地酒；耗蒸汽将发酵设备灭菌；各种设备（包括贮存酒容器与瓶）与管道的洗涤水、车间的冲洗水；动力车间耗电。纵观葡萄酒生产工艺，耗汽量较少。

葡萄酒废弃物生产综合利用产品工艺的耗能为：将葡萄皮、籽、梗生产白藜芦醇等产品（图 1-18），其主要耗能工艺为耗蒸汽干燥皮渣，浸提液的耗蒸汽浓缩，以及各种设备、反应器、管道的洗涤水。

压榨汁后皮渣 → 干燥，有大量二次蒸汽 → 粉碎 → 浸提 → 浸提液浓缩，有大量二次蒸汽 →

精制 → 白藜芦醇

图 1-18 葡萄皮渣生产白藜芦醇

葡萄酒生产的综合废水主要包括各种设备、容器、罐、瓶的洗涤水，以及葡萄皮渣生产综合利用产品产生的废水。高浓度废水是个别企业将葡萄皮渣发酵蒸馏生产白兰地酒剩下的残液。

应指出的是，与葡萄酒生产能耗和污染物负荷有较大关系的是企业生产原酒，或者是生产兑制酒，或者两者兼而有之。从图 1-16、图 1-17 均可以看出，红葡萄酒与白葡萄酒生产工艺包括从葡萄原料榨汁、发酵、配制、澄清、灌装到产品酒，但有不少葡萄酒企业从市场购置葡萄酒原酒，只需采用配制、灌装、酒瓶洗涤、包装等工序生产葡萄酒，也有不少葡萄酒企业是两者兼而有之。可见，同比三种生产工艺，从原料生产原酒再到配制生产葡萄酒产品，每吨产品生产能耗与污染物负荷要大于只生产原酒的，且远大于只生产配制酒的。

5. 黄酒生产

黄酒生产是以大米、糯米为主要原料，经蒸煮、固态发酵、压榨、勾兑制备各种黄酒产品的行业。中国酒业协会五届理事会三次会议披露 2015 年全国黄酒生产企业 110 家。传统黄酒生产工艺可见图 1 – 19、黄酒清洁化生产工艺可见图 1 – 20。

原料 → 浸米并产生泡米水 → 蒸饭，有大量二次蒸汽 → 冷却 → 糖化 → 加曲陶缸（坛）发酵并采用车间空调冷却 →

压滤排酒糟 → 澄清排酒脚 → 过滤 → 煎酒，有二次蒸汽 → 灌坛 → 贮存 → 勾兑 → 灌装 → 产品

图 1 – 19   传统黄酒生产工艺

原料 → 过筛除尘并仓储 → 温水泡米并产生泡米水 → 蒸饭，风冷并回收大量二次蒸汽 → 糖化 →

加曲大罐发酵与采用单发酵罐空调冷却 → 密闭式压滤排酒糟 → 澄清排酒脚 → 过滤 → 自动化煎酒、有二次蒸汽，装坛 →

大罐贮存 → 勾兑 → 热酒灌装 → 产品

图 1 – 20   黄酒清洁化生产工艺

从图 1 – 19、图 1 – 20 可知，黄酒生产工艺的主要耗能为：大（糯）米用水（或热水）浸泡、洗涤；浸泡大米耗大量蒸汽蒸煮米饭，耗电风冷却米饭；耗蒸汽将发酵设备灭菌；发酵车间或发酵罐耗电制冷冷却；耗蒸汽煎酒；滤布与棉饼、设备、贮存酒容器与酒瓶、管道的洗涤，车间的冲洗，锅炉房用水生产软化水。

应指出的是，黄酒清洁化生产工艺（图 1 – 20）由于采用大米过筛除尘、热水泡米、回收利用蒸饭产生的二次蒸汽热焓、大罐发酵、单个发酵罐空调冷却、大罐储酒、热酒灌装，减少喷淋杀菌水、高压水力喷射洗涤，因此能较大幅度节能。

黄酒糟生产综合利用产品为糟香调料汁、酱油、饲料等。其中，糟香调料汁生产工艺是以黄酒糟为主要原料，加入辅料调配，基本不耗用蒸汽，因此耗能不大；酶法水解生产酱油生产工艺，需将黄酒糟耗大量蒸汽干燥、调浆、液化、冷却、蛋白酶水解、灭酶、压榨、配制、灌装，因此耗能较大。

黄酒生产工艺的主要污染源为：大（糯）米浸泡水（COD 10000 ~ 12000mg/L），属于高浓度废水。年产量大的生产企业，可将浸泡水浓缩—干燥生产饲料。

黄酒生产的综合废水主要是压滤机的洗滤布水，各种罐、缸、坛、容器、管道、酒

瓶的洗涤水，车间冲洗水，淋饭法生产黄酒的淋饭水（可用作浸米水），以及黄酒糟生产综合利用产品产生的废水。应指出的是，黄酒清洁化生产工艺的废水量与污染负荷均低于传统生产工艺。

6. 味精生产

氨基酸可应用在食品、医药、农业、畜牧、保健、化妆品等行业，有 1000 多种产品。氨基酸尽管有多种产品，就生产工艺来说有所不同，但主要是发酵法、酶解法、提取法、化学合成法，由于发酵法的原料成本低、反应条件温和，易实现大规模生产，因此大部分氨基酸产品都采用发酵工艺。环境保护部发布的《环境保护综合名录（2013—2017 年版）》，均提出小品种氨基酸生产需用发酵法。氨基酸产品的发酵法生产工艺，采用粉碎、发酵（包括菌种扩培及料液液化与糖化）、脱色、加热、浓缩、结晶、分离（包括离子交换与膜过滤）、灭菌、干燥、洗涤、包装 11 个单元操作。

味精是氨基酸产业产量最大的产品，味精生产是指以淀粉质、糖质为原料，经微生物发酵、提取、结晶等工艺制备味精（谷氨酸钠）产品的行业。味精生产发酵液原采用冷冻等电点提取工艺，现根据节能减排原则，均采用浓缩等电点提取工艺，为进行比较，分别介绍如下。

（1）冷冻等电点提取工艺　味精生产中，发酵液谷氨酸原采用等电点—离子交换树脂分离提取工艺，提取收率稍高，但需耗用酸碱处理树脂并产生大量酸碱废水，且废水中氨氮含量较高，给废水处理带来较大困难，环境保护部制定的《环境保护综合名录（2013—2017 年版）》均将味精生产的"发酵液等电点—离子交换提取"工艺（图 1-21）列入"双高"目录。因此，目前味精生产不采用此工艺。但为了说明味精生产的节能减排思路，本部分予以介绍。

玉米→生产副产品→淀粉乳→液化，有二次蒸汽→冷却→糖化，有二次蒸汽→过滤（糖渣）→冷却→发酵糖液→加入菌种发酵（好氧）→发酵母液→冷冻等电点（pH 3.2）提取谷氨酸→离心分离→滤渣为谷氨酸，滤液进离子交换柱回收谷氨酸，产生离交流出液即为谷氨酸发酵废母液→谷氨酸中和→除铁→脱色→浓缩结晶，有大量二次蒸汽→分离→干燥，有大量二次蒸汽→产品（味精）

图 1-21　味精生产（发酵液冷冻等电点—离子交换提取工艺）

从图 1-21 可以看出，味精生产的发酵液冷冻等电点—离子交换提取工艺，由于在发酵液冷冻等电点提取后，再使用离子交换树脂进一步回收谷氨酸，尽管谷氨酸回收率高些，但处理离子交换树脂却产生大量酸碱废水，不利于减排。同时，等电点后的发酵液经离子交换树脂提取谷氨酸的流出液（即废母液），还需用浓缩—干燥工艺生产有机肥料。

（2）浓缩等电点提取工艺 环境保护综合名录提出味精生产应采用"发酵液浓缩等电点提取"工艺（图1-22），该工艺主要是将谷氨酸发酵液去菌体浓缩后采用等电点提取谷氨酸，其谷氨酸回收率稍低于等电点离子交换工艺，但革除了采用离子交换树脂的工艺，节约了投资和大量处理树脂用水和酸碱试剂，综合废水的氨氮含量低些，给减排与废水处理带来方便，同时该工艺产生的废母液仍可继续浓缩与干燥生产有机肥料，可见浓缩等电点提取工艺相比等电点—离子交换工艺，浓缩起到了改进工艺和消除污染两大作用。目前味精厂都采用此工艺。

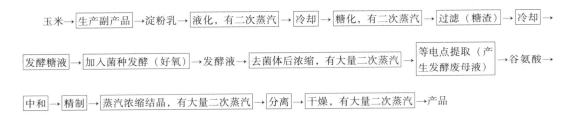

图1-22 味精生产（发酵液浓缩等电提取工艺）

从图1-22可知，味精（包括发酵法生产氨基酸）生产工艺的主要耗能为：玉米耗能制备淀粉乳（包括浸泡用水、洗涤与干燥中间产品）；耗水、电、汽进行菌种扩大培养与发酵（包括配料和糖化与液化），以及用水冷却醪液；耗电进行谷氨酸液态深层好氧发酵、发酵液菌体的分离、从发酵液与结晶母液分离谷氨酸与味精，以及为多效蒸发器提供负压；耗用大量蒸汽进行发酵设备灭菌，并进行发酵液浓缩、结晶操作，用大量水冷却二次蒸汽为冷凝液，耗用蒸汽干燥含水产品；离子交换树脂（用于味精精制工艺）大量处理水；中间产品与各种设备、容器、管道的洗涤水；锅炉房用水制备软化水；动力车间的耗电及进行各种耗电单元操作。应指出的是，味精生产可用玉米生产淀粉或从购置淀粉开始，两种原料的耗能和污染是不一样的，显然，后者的耗能与污染低于前者。

味精废弃物生产综合利用产品的耗能为：玉米浸泡水耗用大量蒸汽浓缩生产生物培养基，或继续干燥生产饲料，浸泡后玉米耗能碎解与干燥生产玉米油、蛋白粉、纤维饲料；发酵液菌体耗用大量蒸汽干燥生产菌体蛋白粉；发酵废母液耗用大量蒸汽浓缩、喷浆造粒、干燥工艺生产有机复合肥料（图 1 – 23）。可见，味精生产的综合利用产品生产都将大量地耗能。

发酵浓缩废母液→ 浓缩，有大量二次蒸汽 → 配料 → 高压喷射 → 喷浆造粒 →

干燥，有大量二次蒸汽 → 筛分 →产品（复合肥）

图 1 –23　发酵浓缩废母液生产有机复合肥料

应着重指出的是，味精生产工艺的主要污染源是发酵废母液（COD 为 70000mg/L），该高浓度废水必须采用浓缩—干燥生产有机复合肥料，同时，玉米制备淀粉乳的浸泡水（COD 达 25000mg/L）也属高浓度废水，也应采用浓缩工艺生产培养基或饲料。

味精生产的综合废水为玉米原料生产副产品的洗涤水，各种设备、罐、反应器、管道的洗涤水，精制工艺的离子交换树脂处理水以及浓缩工艺的冷凝液，玉米浸泡水和发酵废母液生产综合利用产品产生的废水。

7. 柠檬酸生产

柠檬酸生产是指以淀粉质（玉米与薯干）为主要原料，经发酵、提取、分离制备柠檬酸的行业。柠檬酸是食品工业中使用量最大的酸味剂，在所有的有机酸（柠檬酸、苹果酸、乳酸、酒石酸）中市场占有率达七成以上。柠檬酸生产中，分离菌体渣后滤液可采用两种工艺提取柠檬酸，分别介绍如下。

（1）发酵液硫酸钙法分离提取工艺　长时间来，柠檬酸生产发酵液分离菌体渣后滤液原采用硫酸钙沉淀法（图 1 – 24）提取柠檬酸，由于该工艺需耗用硫酸中和及产生大量硫酸钙废弃物（可生产建筑材料），对环境带来较大影响，环境保护部制定的《环境保护综合名录（2013—2017 年版）》均将柠檬酸生产的"发酵液—硫酸钙盐提取法"工艺列入"双高"目录。目前，有企业采用改良的硫酸钙沉淀法工艺（即柠檬酸氢钙沉淀法）生产柠檬酸，该生产工艺与原硫酸钙沉淀法相似，只是在发酵液加入碳酸钙中和时，原工艺生成柠檬酸钙沉淀，现氢钙法工艺生成的是柠檬酸氢钙沉淀，后面的生产工艺未发生变化，硫酸酸解仍产生硫酸钙废弃物，详见图 1 – 24。

玉米原料→粉碎并生产副产品→淀粉乳→液化,有二次蒸汽→糖化,有二次蒸汽→加入菌种发酵（好氧）→发酵液→

过滤并产生菌体→滤液→碳酸钙中和→过滤→原柠檬酸钙（现柠檬酸氢钙），产生浓糖液与洗糖水→

硫酸酸解→过滤并产生硫酸钙废弃物→滤液→离子交换脱色→浓缩,有大量二次蒸汽→结晶,有大量二次蒸汽→

干燥,有大量二次蒸汽→产品

图 1-24　柠檬酸生产工艺（发酵液—硫酸钙法提取）

（2）发酵液色谱分离提取工艺　环境保护部综合名录提出柠檬酸生产应采用"发酵液—色谱分离"提取工艺（图 1-25），由图 1-25 可见，该工艺是将柠檬酸发酵液采用超滤、离子交换、色谱分离等单元操作，实现柠檬酸的分离、提取、提纯，革除了硫酸钙沉淀法提取法工艺，其不加入化学试剂，无大量固体废弃物产生，柠檬酸提取率高，发酵液浓缩工艺二次蒸汽采用蒸发—热泵（MVR）技术，能达到大量的节能。

玉米→粉碎并生产副产品→淀粉乳→液化,有二次蒸汽→糖化,有二次蒸汽→滤液→接入菌种发酵（好氧）→发酵

液→过滤,菌丝体利用→超滤→离子交换→离子交换流出液→浓缩（MVR 装置）,无二次蒸汽→色谱分离→

分离液→浓缩（MVR 装置）,无二次蒸汽→脱色→结晶,有大量二次蒸汽→干燥,有大量二次蒸汽→产品

图 1-25　柠檬酸生产工艺（发酵液—色谱提取）

从图 1-25 可知，柠檬酸生产工艺的主要耗能为：玉米用水浸泡并耗能生产副产品；用水配料与配制酸碱溶液；耗水、电、汽进行酵母扩大培养与发酵（包括配料和糖化与液化），以及醪液的冷却水；耗电进行液体深层好氧发酵、发酵液与菌体的分离、离子交换液和色谱分离液的浓缩（MVR）；耗大量蒸汽进行各罐灭菌和柠檬酸结晶的干燥；离子交换树脂的大量处理用水，柠檬酸结晶的洗涤水，各种设备（包括采用膜分离与色谱分离装置）、罐、反应器的洗涤水；动力车间耗电和进行各种耗电单元操作，锅炉房用水制备软化水。从图 1-25 可以看出，柠檬酸发酵液超滤与离子交换液的浓缩、色谱液的浓缩，采用的蒸汽再压缩（MVR）工艺主要是耗电，不耗用大量蒸汽。另外，柠檬酸生产可用玉米生产淀粉或从购置淀粉开始，两种原料的耗能和污染是不一样的，显然，后者的耗能与污染大大低于前者。

柠檬酸废弃物生产综合利用产品的耗能为：玉米浸泡水耗大量蒸汽浓缩生产培养基或饲料，玉米耗能碎解并联产玉米油、蛋白粉、纤维饲料。氢钙法柠檬酸生产工艺将产生大量的硫酸钙废弃物，由于其残留少量柠檬酸和菌体，给综合利用生产带来困难，有企业是将废渣石膏脱水与蒸汽加压生产石膏粉。玉米发酵液糖渣和发酵菌丝渣干燥生产饲料。

柠檬酸生产工艺的主要污染源是柠檬酸发酵废母液（即浓糖液或碳酸钙中和废水）和柠檬酸氢钙洗糖废水，属高浓度废水（COD 20000mg/L），可用作玉米淀粉乳的调浆水或作他用，不应直接进入废水处理装置。

柠檬酸生产的综合废水为糖化与发酵工艺过滤糖渣与菌丝体的洗滤布水、离子交换树脂处理水、超滤膜和碳脱色柱洗涤水、各种设备、容器与反应器的洗涤水，以及浓缩与结晶工艺二次蒸汽的冷凝水。

8. 淀粉糖生产工艺

淀粉糖是以谷物（主要是玉米）、薯类等农产品为原料生产淀粉和淀粉乳，再运用生物技术将其酶解而生产的麦芽糖、葡萄糖、高麦芽糖浆等产品的工业。它是玉米淀粉最主要的消费去向，2017 年约占玉米淀粉消费总量的六成。生产工艺可见"葡萄糖生产工艺"（图 1 - 26）"高麦芽糖浆生产工艺"（图 1 - 27），淀粉糖品种很多，但生产工艺相差并不大，淀粉和淀粉乳液化后采用不同的糖化酶制剂酶解工艺，即得到不同品种的淀粉糖。近几年来由于生物技术及工程技术广泛应用，淀粉糖产业得到了快速发展。应指出的是，为消除酸碱试剂对环境的影响，2013—2017 年版环境保护综合名录，均提出淀粉糖需采用双酶法生产工艺。

玉米 → 淀粉乳 → 加液化酶喷射液化（105～110℃）数分钟与维持 1～1.5h，有二次蒸汽 → 冷却 → 加糖化酶糖化，有二次蒸汽 → 精制 →

浓缩，有大量二次蒸汽 → 结晶，有大量二次蒸汽 → 分离 → 干燥，有二次蒸汽 → 包装 → 无水葡萄糖

图 1 - 26　葡萄糖生产工艺（冷却法一次结晶工艺）

玉米 → 淀粉乳 → 加液化酶喷射液化（105～110℃）数分钟与维持 1～1.5h，有二次蒸汽 → 冷却 →

加专用糖化酶糖化，有二次蒸汽 → 活性炭脱色 → 过滤 → 离子交换或色谱分离 → 离子交换流出液或分离液 →

浓缩，有大量二次蒸汽 → 高麦芽糖浆

图 1 - 27　高麦芽糖浆生产工艺

从图 1 - 26、图 1 - 27 可知，淀粉糖生产可从玉米生产淀粉或从购置淀粉开始，两

种原料的耗能和污染是不一样的，显然，后者的耗能与污染低于前者。玉米生产淀粉糖工艺的主要耗能为：玉米耗水、电、汽生产淀粉乳和玉米淀粉用水调配成淀粉乳；耗水、电、汽进行酶解（包括液化与糖化）；精制糖液的离子交换树脂、色谱分离树脂、活性炭的分离与处理用水；精制糖液耗用大量蒸汽浓缩、结晶、干燥成产品；二次蒸汽用水冷却成冷凝液；动力车间的耗电及进行各种耗电单元操作；各种设备、反应器、贮罐、离子交换树脂洗涤水。应指出的是，淀粉糖有液体型与固体粉末型两大类，由于前者不采用干燥工艺（如生产糖浆），因此能耗低于后者。

废弃物生产综合利用产品耗能为：玉米浸泡水耗大量蒸汽浓缩生产培养基或饲料，玉米耗能碎解和联产玉米胚芽、蛋白粉、纤维饲料。淀粉糖生产产生的糖渣耗蒸汽干燥生产饲料。

淀粉糖生产的综合废水为离子交换树脂和活性炭处理水，各种设备、罐、反应器的洗涤水，浓缩工艺二次蒸汽的冷凝水，以及玉米原料和糖渣生产综合利用产品产生的废水。

9. 酵母生产工艺

以粮食与糖类（糖蜜）为主要原料，利用生物发酵工程技术，生产具有发酵活性的微生物制品（食用酵母、酵母抽提物、药用酵母、饲料酵母）。按中国生物发酵产业协会制定的《酵母及酵母制品的分类导则》（2012 年 8 月 20 日）提出，酵母及酵母制品有 50 种。糖蜜原料生产酵母生产工艺可见图 1 – 28。

糖蜜→ 处理 →糖液，糖渣为肥料→ 接入菌种发酵（好氧） → 压滤分离并产生发酵废母液 →酵 母 乳 →

高速离心机分离并洗涤 →酵母→ 造粒 → 干燥，有大量二次蒸汽 →产品

图 1 –28　糖蜜酵母生产工艺

从图 1 – 28 可知，糖蜜酵母生产工艺的主要耗能为：用水配制糖蜜发酵液；耗水、电、汽进行酵母扩大培养与发酵；耗电进行液体深层好氧发酵、流体的输送，发酵液采用压滤分离出酵母乳；酵母耗用大量水洗涤并采用耗电量大的离心机分离；酵母耗大量蒸汽干燥；各种设备、管道、容器的洗涤水，动力车间的耗电和进行各种耗电单元操作。

酵母废弃物生产综合利用产品的耗能为：发酵废母液进行浓缩—干燥生产有机复合肥料，生产工艺见图 1 – 29，由图可见，浓缩工艺采用多效蒸发—MVR 装置耗能不大，

干燥工艺将大量耗用蒸汽和电能。

酵母发酵废母液→浓缩（MVR 装置），无大量二次蒸汽→配料（蔗渣与硫胺）→喷浆造粒→

干燥，有大量二次蒸汽→筛分→产品（有机复合肥料）

图 1-29　酵母发酵废母液生产有机肥料

酵母生产工艺的主要污染源是发酵废母液（COD 70000mg/L），属高浓度有机废水，不能直接进入生化处理，必须进行浓缩—干燥生产有机复合肥料，该生产工艺产生的中浓度废水才能进入废水处理系统。

酵母生产的综合废水为酵母洗涤水，发酵废母液浓缩工艺的二次蒸汽冷凝水，各种设备、罐、反应器的洗涤水。

10. 酶制剂生产工艺

酶制剂是以农副产品、食品废弃物为主要原料，利用生物发酵技术，生产的具有活性的微生物高效催化剂。酶制剂一般可分为固体和液体产品，生产工艺可见图 1-30、图 1-31。

（1）液体发酵生产液体与固体酶制剂生产工艺　见图 1-30。

农副产品（豆饼、麸皮、玉米芯）→配制发酵液→接入菌种好氧发酵→固液分离，产生滤渣并干燥生产饲料→

滤液→压滤→超滤，可作液体酶制剂→淀粉吸附→干燥、粉碎→产品

图 1-30　液体与固体酶制剂生产工艺

（2）固态发酵生产固体酶制剂生产工艺　见图 1-31。

农副产品→配制固体发酵培养基→蒸煮→冷却→接入菌种固态发酵→固体酶制剂→

干燥，有大量二次蒸汽→产品

图 1-31　固体酶制剂生产工艺

从图 1-30、图 1-31 可知，酶制剂生产工艺的主要耗能为：液体酶制剂的耗水、电、汽进行微生物的扩大培养与发酵（包括配料），发酵设备耗蒸汽灭菌，发酵液耗电进行固液分离（压滤）与滤液超滤生产液体酶制剂产品，超滤滤液加入淀粉吸附耗电

微波干燥成产品；固体发酵的耗水、电、汽进行固体微生物的扩大培养，并耗电、耗汽采用蒸球设备蒸料、固体通风发酵机进行固体酶制剂发酵，耗蒸汽低温干燥生产固体酶制剂产品；动力车间的耗电和进行各种耗电单元操作。

酶制剂生产的综合废水主要为各种设备、罐、反应器的洗涤水，板框压滤机的洗滤布水。

第二节　农副产品原料生产食品产品耗能点和污染源

农副产品是生产淀粉、液体乳与乳制品、肉制品、植物油、制糖、饲料、谷物磨制、水产品、罐头、饮料、调味品、盐业、脱水与速冻果蔬、焙烤食品糖果、速冻与米面制品、食品添加剂等的主要原料，食品生产的主要特点是除食品添加剂部分产品外，没有发酵工艺及其有关的提取与分离工艺，因此同比发酵生产，总体上说其能耗与污染负荷要低些。

一、 食品生产基本工艺

食品生产基本工艺为：原料—预处理—洗涤—处理—加工—中间产品—灭菌—包装—产品。可见，食品加工的主要设备是清洗、搅拌、榨汁、混合、提取、均质、杀菌、包装，同时也有加热、浓缩、蒸馏、结晶、干燥、冷却等单元操作。

食品生产主要耗能工艺为：①原料的浸泡水、洗涤水，中间产品处理水；离子交换柱与膜分离设备的处理与洗涤用水；加热、蒸馏、蒸汽浓缩、结晶工艺的冷却与冷凝用水；各种设备与包装容器、瓶的洗涤水；车间冲洗水；锅炉房、冷冻机房用水；制纯水设备用水。②各种需要热量设备的耗汽，包括加热、蒸馏、蒸汽浓缩、结晶、干燥、灭菌等单元操作。③所有电气装置的耗电，包括粉碎、输送、搅拌、固液分离、压缩、冷冻、加热单元操作。

应着重指出的是，食品生产除个别行业会产生高浓度废水（提取食品的废母液、发酵食品添加剂的废母液、玉米浸泡水、马铃薯蛋白浓汁液）外，大部分行业不产生高浓度有机废水，中低浓度废水主要来自各种洗涤水及蒸汽浓缩（包括结晶）工艺的二次蒸汽冷凝水。

二、 主要食品生产工艺流程

淀粉、液体乳与乳制品、屠宰、肉制品、植物油、制糖、饲料、谷物磨制、水产品、罐头、饮料、调味品、盐业、脱水与速冻果蔬、焙烤食品糖果、食品添加剂等生产工艺和综合利用工艺，及其主要耗能点与污染源，可见图1-32至图1-79。

1. 淀粉生产工艺

淀粉生产是指用玉米、薯类、豆类及其他植物为原料，经不断碎解、分离与洗涤，制备淀粉产品的行业。最近几年，马铃薯、木薯、红薯淀粉产量正在逐渐增加，但是非粮原料生产淀粉，同比玉米淀粉的生产在能耗与废水处理方面存在很多问题。

目前，淀粉生产仍以玉米原料为主，2016年与2017年玉米淀粉总产能分别为3500万t和4000万t，行业平均开工率均超过六成，比2015年提高了一成以上。同时，2016年玉米淀粉产能出现了恢复性增长，达到2259万t；而2017年玉米淀粉产量已增至2595万t，比2016年大幅度增加336万t，增幅超一成。2017年淀粉深加工产品产量达1450万t，比2016年增加了186万t。随着经济的发展和淀粉市场需求量的不断增加，我国年产10万t以上玉米淀粉企业已达到几十家；年产50万t的企业也有数家，但与国外相比，企业的规模仍偏小。如美国年产2000多万t淀粉，只有二十几家企业，而我国年产2000多万t的淀粉，却有500家企业。同时，我国淀粉及深加工产品人均占有量远低于发达国家。目前我国人均淀粉占有量不高。随着社会的进步和生活条件的改善，我国人均占有淀粉量将逐年增加，但需求缺口仍较大。预计，淀粉生产会有一定的发展。

应指出的是，2017年除玉米淀粉以外，其它农产品淀粉总产量为125万t，其中，马铃薯、木薯、红薯、小麦淀粉分别为54、33、26、12万t。特别是《国家粮食安全中长期发展规划纲要（2008—2020年）》明确将马铃薯作为保障粮食安全的重点农作物。自1995年以来，我国马铃薯种植面积和总产量一直位居世界第一，2014年，全国马铃薯种植面积超8500万亩，总产量超1亿t，2015年我国马铃薯淀粉产量42万t，2017年达到54万t，到2020年将达到100万t。但应着重指出的是，马铃薯淀粉生产造成的环境污染已成为一大问题。主要原因是马铃薯淀粉加工是消化马铃薯的主要渠道，但是马铃薯淀粉生产企业小、散、乱现象严重，年产量在5000t及以下的120多家，2017年产量达到1万t及以上的仅11家（产量合计19.3万t），小企业难以筹建高浓度废水生产综合利用产品的工艺，以及废水处理装置。

食品、医药、发酵、甜味剂、纺织、造纸、化工、生物产业都以淀粉作为重要原料或辅料，这些相关行业的发展速度都会以超过10%的速度增长，因此对淀粉的需求量也会增长。玉米淀粉生产工艺可见图1-32，木薯、马铃薯淀粉生产工艺分别可见图1-33、图1-34。

玉米 → 清洗后浸泡水浓缩生产玉米浆，有大量二次蒸汽 → 一次碎解与胚芽干燥生产玉米油，有大量二次蒸汽 → 二次碎解与纤维干燥生产饲料，有大量二次蒸汽 →

离心分离与麸质干燥生产蛋白粉，有大量二次蒸汽 → 淀粉 → 清洗 → 脱水 → 干燥，有大量二次蒸汽 → 淀粉产品

图 1-32　玉米淀粉生产工艺

木薯 → 分拣 → 洗涤分离薯皮及泥砂 → 粗粉碎 → 磨碎 → 筛分（薯渣干燥生产饲料）→ 水洗分离黄浆（蛋白）→

除砂（细砂）→ 分离 → 脱水 → 干燥，有大量二次蒸汽 → 筛分 → 淀粉产品

图 1-33　木薯淀粉生产工艺

马铃薯 → 洗涤去泥石 → 锉磨 → 旋流除砂 → 筛分去薯渣 → 分离蛋白汁液（高浓度废水）→ 淀粉乳 → 脱水 →

干燥，有大量二次蒸汽 → 淀粉产品

图 1-34　马铃薯淀粉生产工艺

从图 1-32、图 1-33、图 1-34 可知，淀粉生产工艺的主要耗能为：玉米用水浸泡；木薯、马铃薯用水洗涤；耗电碎解与锉磨玉米、木薯、马铃薯；淀粉及中间产品的用水洗涤；玉米、木薯、马铃薯含水淀粉的耗大量蒸汽干燥；动力车间的耗电和进行各种耗电单元操作。

淀粉废弃物生产综合利用产品耗能为：玉米浸泡水蒸气浓缩生产培养基，或蒸汽浓缩干燥生产饲料；耗水、电、大量蒸汽生产玉米油、蛋白粉、纤维饲料；耗大量蒸汽浓缩马铃薯蛋白汁液，并干燥生产木薯渣与黄浆饲料，及马铃薯蛋白粉；各种设备、罐、容器的洗涤水，车间冲洗水；动力车间的耗电和进行各种耗电单元操作。

淀粉生产工艺的主要污染源玉米浸泡水（COD 20000mg/L）、马铃薯浓厚蛋白液（COD 40000mg/L）均属高浓度有机废水，不能直接进入生化处理，必须采用浓缩—干燥工艺分别生产生物培养基和蛋白制品，综合利用产品生产工艺产生的中浓度废水才能进入废水处理系统。

淀粉生产的综合废水为原料与中间产品的洗涤水，各种设备、罐、反应器的洗涤水。应该指出的是，大部分马铃薯淀粉厂是中小型厂，不具备将浓厚蛋白汁液浓缩干燥生产蛋白制品的设备条件，因此将蛋白汁液混入中低浓度废水，致使 COD 达到 15000～

20000mg/L，给生化处理带来很大的困难。

2. 液体乳及乳制品生产工艺

液体乳及乳制品生产主要是将收购的新鲜牛乳，进行净化、杀菌生产液态乳、奶粉、酸奶等产品的行业。生产工艺见图 1-35、图 1-36、图 1-37。2016 年，全国规模以上乳制品加工企业为 627 家，乳制品产量 2993 万 t，同比增加 7.6%；液态奶产量消费总量 3204 万 t（其中进口 1281 万 t）。我国 2016 年人均乳制品消费折合生鲜奶只有 36kg，与消费大国（印度、美国、欧洲等）差距很大，人均乳制品消费量只占发达国家的一成。相比饮食习惯相近的日本和韩国，它们人均乳制品消费量是中国的两倍，可见，我国乳制品消费量潜力巨大。

（1）液体乳生产工艺　见图 1-35。

接收 → 贮槽 → 净化 → 巴氏杀菌，有二次蒸汽 → 均化 → 除味 → 贮槽 → 封装 → 贮藏 → 产品

图 1-35　液体乳生产工艺

从图 1-35 可知，液体乳生产工艺的主要耗能为：消毒液配制；巴氏杀菌耗用蒸汽；耗电进行搅拌与牛奶输送与包装；各种设备、容器、瓶的洗涤水，车间冲洗水；锅炉房用水制备软化水。

液体乳生产可将综合废水耗能培养微生物蛋白，并采用凝聚沉淀分离生产鱼饲料。

液体乳生产的综合废水为接收乳品设备、贮槽、罐与瓶的洗涤水。

（2）奶粉生产工艺　见图 1-36。

料乳收纳及检验 → 净化 → 冷却 → 贮存 → 标准化及配料 → 预热、杀菌、浓缩，有大量二次蒸汽 →
喷雾干燥，有大量二次蒸汽 → 出粉、晾粉、筛粉 → 检验 → 包装

图 1-36　奶粉生产工艺

从图 1-36 可知，奶粉生产工艺的主要耗能为：料乳用蒸汽预热与灭菌；配料后奶液耗大量蒸汽浓缩与干燥；二次蒸汽冷却耗用大量水；各种设备、容器、罐的洗涤水，车间冲洗水，锅炉房用水制备软化水；动力车间的耗电和进行各种耗电单元操作。

奶粉生产的综合废水为接收乳品设备、多效蒸发器、贮槽、容器、罐的洗涤水，二次蒸汽的冷凝水。

（3）酸奶生产工艺　见图1-37。

鲜奶验收→混合原料灭菌，有二次蒸汽→降温与接种→瓶刷洗、消毒、罐装、封口→扎线→涂火漆→恒温发酵→入库冷却→产品

图1-37　酸奶（凝固型）生产工艺

从图1-37可知，酸奶生产工艺的主要耗能为：耗电与耗蒸汽灭菌、扩培菌种与发酵；耗电与耗水降温；纯水制备；动力车间的耗电和进行各种耗电单元操作；各种设备、容器、瓶的洗涤，车间冲洗、锅炉房用水制备软化水。

酸奶生产的综合废水为接收乳品设备、贮槽、罐与瓶的洗涤水，二次蒸汽的冷凝水。

3. 屠宰生产工艺

畜禽屠宰业是指对各种畜、禽进行宰杀，以及鲜肉冷冻、保鲜，但不包括商业冷藏，主要产品为畜禽鲜肉及冷冻肉。2016年，我国肉类（猪、牛、羊、禽）总产量达8540万t，《国家人口发展规划（2016—2030年）》（国发〔2016〕87号）提出到2020年，我国人口总数要达到14.2亿，按人均年消费70kg肉类计算，肉类总需求量将接近1亿t。

生猪屠宰生产工艺可见图1-38，牛与羊屠宰生产工艺类似于猪屠宰工艺，禽类屠宰生产工艺可见图1-39。

生猪→冲淋→电击晕机击晕→刺杀放血（有猪血）→清洗→蒸汽烫毛，有二次蒸汽→打毛（猪毛）→去头蹄（副产品），修整与清洗→去红白脏（副食加工）与肠胃容物（固废利用）→卫检→劈半与冲洗水→检疫→胴体修整→冷却排酸→分割→冷冻肉包装入库

图1-38　生猪屠宰生产工艺

活禽→吊挂→电麻刺杀→沥血→浸烫，有二次蒸汽→脱毛→清洗→整理→取内脏（同步卫检）→冷却→分割→包装入库

图1-39　禽类屠宰生产工艺

从图1-38、图1-39可知，屠宰生产工艺的主要耗能为：畜、禽的喷水淋浴或洗

涤；耗电进行电麻刺杀做屠宰准备；耗蒸汽或热水烫猪毛与禽毛；猪肉的耗电分割、冷却、冷藏；各种设备、管道、容器的洗涤水；车间冲洗水；动力车间的耗电和进行各种耗电单元操作，锅炉房用水制备软化水。

屠宰废弃物生产综合利用产品耗能为：耗能将畜骨蒸煮生产浓缩提取液，并继续将血液、油脂、肠胃内容物、羽毛等的收集与回收生产产品。将新鲜猪、牛血经预处理，在低温下分离出血球和血浆，再经生化分离从血浆提取凝血酶，用血球生产血红素、抗氧化剂。

屠宰生产的综合废水主要是畜、禽的屠宰洗涤水，其中包括畜、禽的少量血污、油脂、肉屑、骨屑、胃溶物，以及各种设备、罐、容器的洗涤水，车间的冲洗水。

4. 肉制品生产工艺

肉制品及副产品加工业是指以各种畜、禽肉为原料经处理，生产熟肉制品（包括腌腊、香肠、熏烤），以及生产畜、禽副产品（动物油、肠衣、鬃毛、血制品、饲料）的行业。香肠生产工艺见图 1-40。

原料肉修、整 → 预处理 → 肠衣灌装 → 杀菌，有二次蒸汽 → 冷却 → 包装入库

图 1-40 香肠生产工艺

从图 1-40 可知，肉制品生产工艺的主要耗能为：原料的洗涤；生产车间的温度控制，肉灌装机械的耗电；产品耗蒸汽灭菌；各种设备、管道、槽、容器的洗涤，车间冲洗水；冷冻机房耗电；锅炉房耗水制备软化水。

肉制品生产综合废水主要是各种设备、罐、反应器的洗涤水与畜、禽肉冲洗水，车间冲洗水。

5. 植物油生产工艺

植物油加工是指采用各种食用植物油料经浸出工艺或压榨工艺生产油脂，以及精制食用油脂的行业。植物油加工行业包括食用植物油加工和非食用植物油加工。食用植物油主要产品为花生油、大豆油、菜籽油、棉籽油等，2016 年食用油总产量 3400 万 t，其中进口 700 万 t。其中产量最大的为大豆油，其次为菜籽油；非食用植物油加工是指用各种非食用植物油料生产油脂的加工工艺，主要产品有桐油、大麻籽油、蓖麻油等。浸出法、压榨法生产植物油工艺分别见图 1-41、图 1-42。

原料→ 清理软化 → 轧胚 → 溶剂浸出油，浸油胚干燥产生饼粕 → 油蒸发回收溶剂，有二次蒸汽 →毛油→

精炼（化学、物理、洗涤等）并得到磷脂与皂脚 → 脱色 → 蒸馏脱臭，有二次蒸汽 → 过滤 →产品油

图 1-41   溶剂浸出法生产植物油工艺

原料→ 干燥与清理 → 破碎与软化 → 轧胚 → 压榨并产生榨油饼粕 →毛油→ 精炼（化学、物理、洗涤）并得到磷脂与皂脚 →

脱色 → 蒸馏脱臭，有两次蒸汽 → 过滤 →产品油

图 1-42   压榨法生产植物油工艺

从图 1-41、图 1-42 可知，植物油生产工艺的主要耗能为：耗电将原料粉碎、轧胚、压榨，及离心分离精炼油中杂质；耗蒸汽将精炼油蒸馏脱水、脱酸、脱臭，及加热蒸馏回收溶剂，并耗大量蒸汽干燥饼粕；用水冷却溶剂蒸汽回收溶剂；毛油、副产物（磷脂与皂脚）、中间产品、设备、管道、容器的洗涤水；车间的冲洗水；动力车间的耗电和进行各种耗电单元操作，锅炉房耗水制备软化水。

废弃物生产综合利用产品耗能为：主要是油籽皮壳、磷脂、棉酚、油下脚等的收集与回收工艺，如压榨与浸出油后的饼粕生产饲料、肥料、大豆粕胶合板黏结剂与合成纤维、棉粕脱壳短绒纤维、棉酚、米糠肌醇与谷维素等。

植物油生产综合废水主要是各种毛油、副产品、设备、罐、容器的洗涤水，二次蒸汽冷凝液。炼油工艺产生的磷脂、皂脚、酸油需采用高效离心机和隔油池进行回收利用，其分离效率应达 90% 以上，不然将增加综合废水污染负荷。

6. 制糖生产工艺

制糖生产是以甘蔗、甜菜为原料通过物理和化学的方法，去除杂质加工成产品糖或原糖（未经精炼的标准粗糖），以及再将原糖经精炼加工成各种精制糖产品的行业，主要产品为白砂糖和绵白糖。甘蔗糖生产有亚硫酸法和碳酸法，生产工艺分别见图 1-43、图 1-44，甜菜糖生产普遍采用碳酸法，生产工艺见图 1-45。

从图 1-43、图 1-44、图 1-45 可知，制糖生产工艺的主要耗能有：原料用水洗涤与输送（或用输送带），用水配制石灰乳；耗电压榨甘蔗原料、甜菜切丝；用蒸汽加热加入澄清剂的甘蔗汁和甜菜汁，用水洗涤过滤糖汁的滤布或真空过滤机的过滤介质；甘蔗与甜菜稀糖汁耗大量蒸汽浓缩、结晶（两次），以及耗大量蒸汽干燥食糖；二次蒸

汽耗用大量冷却水冷却成冷凝液；各种设备、管道、反应器、容器的洗涤水，车间冲洗水；锅炉房用水制备软化水，动力车间的耗电和进行各种耗电单元操作。

甘蔗→ 撕蔗 → 压榨、产生蔗渣 →混合汁→ 加热，有二次蒸汽 → 与石灰乳、二氧化硫等凝聚剂混合 →

连续沉降、过滤，产生滤泥与滤液（清汁） → 上清液与清汁浓缩，有大量二次蒸汽 → 粗糖浆与硫漂 →

三系煮糖，结晶，有大量二次蒸汽 → 分蜜、白砂糖 →甲糖蜜→ 结晶，有大量二次蒸汽 → 分蜜、干燥生产乙糖，有大量二次蒸汽 →

丙糖（赤砂糖）→ 产生废糖蜜

图 1-43　亚硫酸法甘蔗制糖生产

甘 蔗 → 撕蔗 → 压榨、产生蔗渣 → 混 合 汁 → 加入石灰乳 → 充入二氧化碳（二次）凝聚剂 →

加热，有二次蒸汽 → 过滤，产生滤泥与滤液（清汁） → 清汁硫漂 → 加热 →糖汁→ 浓缩，有大量二次蒸汽 →粗

糖浆 → 二氧化硫漂 → 清糖浆 → 三系煮糖 → 分蜜、结晶，干燥生产白砂糖，有大量二次蒸汽 → 甲 糖 蜜 →

分蜜、乙糖 → 丙糖干燥生产赤砂糖，有大量二次蒸汽 → 产生废糖蜜

图 1-44　碳酸法甘蔗制糖生产

甜菜 → 清洗 → 切丝 → 渗出、产生甜菜粕 → 渗出汁 → 两次加入石灰乳 → 两次加入二氧化碳饱充并加热纯化 →

过滤产生滤泥，滤液（稀糖汁）→ 加热 → 硫漂并过滤，产生滤泥 → 浓缩，有大量二次蒸汽 →糖浆→ 三系煮糖 →

助晶 → 分蜜（产生糖蜜）→ 干燥，有大量二次蒸汽 →砂糖→产品

图 1-45　甜菜制糖生产

废弃物生产综合利用产品的耗能为：甘蔗蔗渣分级干燥生产粗蔗渣（造纸原料）和细蔗髓（锅炉燃料）；甜菜废丝生产颗粒粕，甘蔗、甜菜糖厂的滤泥生产复混肥料（图 1-46）。

糖厂滤泥与活性污泥 → 接入堆肥菌曲 → 堆放发酵 → 干燥，有二次蒸汽 → 粉碎 → 混料 → 筛分 →复混肥

图 1-46　甜菜糖厂滤泥生产复混肥

制糖生产的主要污染源是糖浆结晶提取糖后剩下的废糖蜜（COD 100000mg/L），属

高浓度废液，其可以出售给有关企业生产发酵产品，也可生产企业自留，糖蜜可发酵生产酵母与食用酒精等发酵产品，其产生的发酵废母液与酒精糟（均为高浓度废水）不能直接进入废水处理装置，必须采用浓缩与干燥工艺生产肥料、燃料产品。

制糖生产综合废水主要是各种设备、罐、反应器、过滤布与过滤介质的洗涤水，糖液浓缩与结晶工艺的二次蒸汽冷凝液，废糖蜜生产综合利用产品产生的废水。

7. 饲料生产工艺

饲料加工是指供给动物食用的各种饲料产品的工业化生产，主要品种类包括饲料添加剂、预混合饲料、浓缩饲料、配合饲料；饲料产品有猪饲料、蛋禽饲料、肉禽饲料、水产饲料、反刍饲料、其他饲料，据《中国农业展望报告（2016—2025 年）》披露，2017 年全国总产量在 2 亿 t 以上。其中配合饲料产量是最大的产品。饲料生产工艺见图 1 - 47。

原料→除杂→仓储→粉碎→称量→配料→混合→制粒→冷却→分级→包装→产品

图 1 - 47　饲料生产工艺

从图 1 - 47 可知，饲料生产工艺的主要耗能为：耗电粉碎原料、称料、混料；耗蒸汽制饲料颗粒；耗电包装；设备洗涤水，车间冲洗水。

饲料生产综合废水量较少，污染负荷较轻，主要是各种低浓度洗涤水。

8. 谷物磨制生产工艺

谷物磨制也称粮食加工，指将稻、谷、小麦、高粱等谷物去壳、碾磨及加工。2016 年，全国小麦粉加工企业 3000 家磨制面粉产量 0.8 亿 t，大米加工企业 3000 家加工大米 1 亿 t。谷物磨制生产工艺见图 1 - 48。

原料→清理→预处理→磨制→配制→处理→产品

图 1 - 48　谷物磨制生产工艺

从图 1 - 48 可知，谷物磨制生产工艺的主要耗能为：各种谷物耗电磨制；设备、容器用水洗涤；车间冲洗水。

谷物磨制生产综合废水量较小，污染负荷较轻，主要是各种低浓度洗涤水。

9. 水产品生产工艺

水产品是指以海洋、淡水河湖鱼虾蟹等为主要原料加工生产各种可供消费的商品。

水产品加工包括水产品冷冻加工、鱼糜制品及水产品干腌制加工、水产饲料制造、鱼油提取及制品的制造、其他水产品加工等 5 个行业。2016 年全国水产品总产量 6900 万 t，占世界水产品总产量的四成，其中，养殖、捕捞水产品总产量分别为 5140 万 t、1760 万 t。据《中国农业展望报告（2016—2025 年）》披露，2017 年全国总产量应在 7000 万 t 左右。

　　我国水产品加工设备总体落后，加工条件简陋，与发达国家相比，存在很大的差距。水产品加工工艺见图 1-49，水产品生产工艺的主要耗能点和污染源，应区分是水产品原料还是从经预处理的原料开始生产。

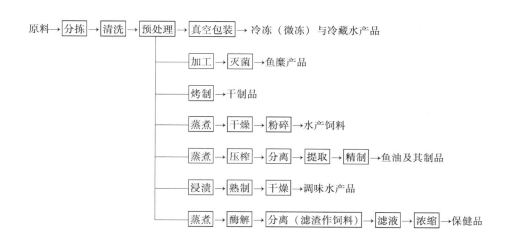

图 1-49　水产品生产工艺

　　从图 1-49 可知，水产品（包括综合利用产品）生产工艺的主要耗能为：原料耗大量水洗涤；耗大量电压榨、冷冻（微冻）、冷藏产品；耗大量蒸汽蒸煮、灭菌、浓缩、烤制、熟制、干燥中间产品与产品；用水配制浸渍水；设备、罐、管道、容器的洗涤水；车间冲洗水；动力车间的耗电和进行各种耗电单元操作。

　　利用水产品下脚料生产饲料、调味品、保健品属于综合利用生产。

　　水产品生产综合废水主要是各种原料、设备、罐、容器的洗涤水，蒸煮与浓缩工艺的二次蒸汽冷凝液，浸渍工艺的废浸渍水，提取工艺的废母液等，其中，废浸渍水、废母液的污染负荷是高的。同时，还包括水产品加工废弃物生产综合利用产品产生的废水。

　　10. 罐头生产工艺

　　罐头加工是指将肉、鱼类、水产品、蔬菜经各种处理（不得添加防腐剂）后，能较为长期保存的食品。2016 年我国罐头产量为 1200 万 t；2017 年为 1240 万 t。肉类、鱼类、水果罐头生产工艺可分别见图 1－50、图 1－51、图 1－52。

冷冻肉类→解冻→去皮、骨、肥膘→切制→腌制→预煮、油炸，有二次蒸汽→装罐→

杀菌，有二次蒸汽→肉类罐头

图 1－50　肉类罐头生产工艺

冷冻、生鲜水产品→预处理（去鳞、鳃、内脏、头尾）、解冻、洗涤→盐渍→脱水→装罐→

杀菌，有二次蒸汽→水产品罐头

图 1－51　鱼类罐头生产工艺

水果→清洗→预处理（去皮、去核、切块）→护色→预煮，有二次蒸汽→抽气→

砂糖溶化（有二次蒸汽）与装罐→杀菌，有二次蒸汽→糖水水果罐头

图 1－52　水果罐头生产工艺

从图 1－50、图 1－51、图 1－52 可知，罐头生产工艺的主要耗能为：采用水力（机械）流送某些原料；原料耗电预处理（解冻、洗涤、削皮、去核、切块、挤汁）及罐头抽真空；耗蒸汽预煮、烫煮、蒸煮、油炸、砂糖溶化与杀菌；配制水果剥皮和洗涤碱液、制备纯水；洗涤肉类鱼类与水果，洗涤设备、管道、容器、瓶；锅炉房用水制备软化水，动力车间的耗电和进行各种耗电单元操作。

废弃物生产综合利用产品的耗能，主要是将畜禽、鱼类、水果加工的下脚料加工成饲料。如耗电耗蒸汽将各种水果皮、渣干燥与粉碎，生产果渣饲料和蛋白饲料；将水产下脚料洗涤、蒸煮、干燥、粉碎生产饲料。

罐头生产综合废水是原料流送、解冻、洗涤、浸泡（拔水）废水、预煮与烫煮废水，设备和罐的洗涤水，还包括废弃物生产综合利用产品产生的废水。其中，预煮与烫煮废水的污染负荷较高。

11. 饮料生产工艺

饮料制造包括碳酸饮料、果蔬汁及果蔬汁饮料、含乳饮料和植物蛋白饮料、固体饮料、茶饮料及其他软饮料。我国 2016 年人均饮料消费量仅为 122kg（包括大桶水在

内），与世界发达国家相比有很大差距。

碳酸饮料、果浆饮料、固体饮料、茶饮料等生产工艺分别见图1-53至图1-59。

原水→|粗、精滤|→|灭菌|→|超滤|→|空桶清洗、灭菌、灌装|→产品

图1-53 包装饮用水生产工艺

|饮用水处理|→|过滤|→|消毒|→|碳酸化|→|溶糖（有二次蒸汽）与调配|→|封灌|→|分装|→产品

图1-54 碳酸饮料生产工艺

原料→|清洗|→|榨汁|→|过滤|→|浓缩，有二次蒸汽|→|浓缩液|→|空桶清洗、灭菌、灌装|→产品

图1-55 浓缩果蔬汁生产工艺

原料乳→|标准化|→|与预混的白糖、稳定剂混合|→|灭菌|→|灌装|→|接种|→|发酵|→产品

图1-56 含乳饮料生产工艺

|水果去皮|→|清洗|→|软化|→|打浆|→|调配|→|均质|→|封灌|→|杀菌|→产品

图1-57 果浆饮料生产工艺

原料→|清洗|→|制汁|→|精滤|→|与料粉混合|→|造粒|→|干燥，有大量二次蒸汽|→|分装|→产品

图1-58 固体饮料生产工艺

茶叶→|清洗|→|抽提|→|精滤|→|化糖（有二次蒸汽）与调配|→|杀菌|→|灌装|→产品

图1-59 茶饮料生产工艺流程

从图1-53至图1-59可知，饮料生产工艺的主要耗能为：原料用水流送（或机械输送）与洗涤；果蔬原料耗电打浆、胶体磨、榨汁；果蔬汁耗用大量蒸汽浓缩加工成浓缩汁，浓缩工艺二次蒸汽用水冷却成冷凝液；生产固体饮料将果蔬汁采用大量蒸汽浓缩与喷雾干燥；饮料用纯水的制备与配制；产品包装容器的灌装、灭菌、封盖；用水洗涤各种设备、容器、瓶、管道，车间冲洗水；锅炉房用水制备软化水；动力车间的耗电和

进行各种耗电单元操作。

饮料生产综合废水主要是部分中间产品的漏料，不合格的饮料，配制的化学洗涤剂，各种原料、设备、罐、瓶的洗涤水，离子交换树脂、反渗透处理装置与活性炭的处理水，反渗透处理工艺的浓水，浓缩工艺二次蒸汽冷凝液。

12. 调味品 （酱油与食醋） 生产工艺

酱油、食醋是我国传统的调味品，均含有氨基酸成分，有烹饪功能，同时，食醋还有保健功能。据中国调味品协会披露，近 10 年来，我国调味品平均增幅超 15%，行业总产值超 1400 亿元，总产量超 1000 万 t。酱油行业是我国调味品行业的第一大产业（2016 年产量为 850 万 t），生产工艺以高盐稀态和低盐固态为主，其中高盐稀态工艺生产的酱油质量较高，许多企业结合不同工艺特点提出了原池浇淋发酵工艺，在一定程度上解决了低盐固态工艺的一些不足。酱油、食醋生产工艺分别见图 1－60、图 1－61。

（1）酱油生产工艺　见图 1－60。

原料→ 粉碎 → 润料 → 蒸料，有大量二次蒸汽 → 制曲发酵 → 浸出 → 淋油 → 配制 → 加工 → 包装 →产品

图 1－60　酱油生产工艺

（2）食醋生产工艺　见图 1－61。

原料→ 粉碎 → 润料 → 蒸料，有大量二次蒸汽 → 糖化 → 发酵 → 陈酿 → 淋醋 → 配制 → 消毒 →产品

图 1－61　食醋 （固态发酵） 生产工艺流程

从图 1－60、图 1－61 可知，酱油、食醋（固态发酵）生产工艺的主要耗能为：原料耗电粉碎；原料耗大量蒸汽蒸料、糖化；产品耗蒸汽消毒；设备、管道、容器、瓶用水洗涤；车间冲洗水，锅炉房用水制备软化水。

酱油与食醋生产综合废水主要是各种设备、罐、瓶的洗涤水。

应指出的是，以酿造酱油和酿造食醋为主要成分（含量至少大于五成），勾兑生产的配制酱油和食醋只要符合食品安全国家标准，且标注"配制酱油、醋"是可行的。同样，只加工配制酱油、食醋企业的单位产品能耗和综合废水污染负荷均大大低于酿造酱油、酿造食醋生产企业。

13. 制盐生产工艺

根据盐资源不同将其分为海盐、井矿盐、湖盐三个盐种。以海水为原料，利用太阳

能和风能经过日晒得到的盐为"海盐";开采现代盐湖矿或盐湖卤水,利用太阳能和风能或直接开采加工生产的盐为"湖盐";运用凿井法汲取地表浅部或地下天然卤水,利用热能再蒸发加工生产的盐为"井盐";开采古代岩盐矿床加工生产的盐称为"矿盐"。由于岩盐矿床有时与天然卤水盐矿共存,加之开采岩盐矿床多采用钻井水溶法,故又将"井盐"和"矿盐"合称为"井矿盐",我国已探明井矿盐储量达 8855 亿 t,远景储量 6 万亿 t。井矿盐卤水通常被分为人工卤水和天然卤水两类,若按照化学成分可将卤水分为三类:碳酸盐型、硫酸盐型和氯化物型。在我国,一般根据卤水化学成分不同,将井矿盐区卤水分为硫酸钠型卤水(即 Na_2SO_4—NaCl 型岩盐卤水 [Na_2SO_4 含量 $15 \sim 55g/L$]) 和硫酸钙型卤水(即 $CaSO_4$—NaCl 型岩盐卤水 [$CaSO_4$ 含量 $4 \sim 6g/L$])。

可将海盐、井矿盐、湖盐三个盐种资源,通过不同加工工艺,生产商品盐。海盐、井矿盐、湖盐生产工艺分别见图 1 –62、图 1 –63、图 1 –64。

(1)海盐生产工艺　见图 1 –62。

浓海水→ 存储 → 吹溴 → 自然(滩晒)蒸发制卤 →饱和卤水→ 真空浓缩与结晶,有二次蒸汽 → 干燥 →海盐、精制盐、工业盐、综合利用产品

图 1 –62　海盐生产工艺

(2)井矿盐生产工艺　见图 1 –63。

井矿原盐→ 钻井水溶 →饱和卤水→ 真空浓缩与结晶,有大量二次蒸汽 → 精制 → 干燥,有大量二次蒸汽 → 筛分 →产品

图 1 –63　井矿盐生产工艺

(3)湖盐生产工艺　见图 1 –64。

海湖原盐→ 粉碎 → 洗涤 → 精制 → 干燥,有大量二次蒸汽 → 筛分 →产品

图 1 –64　湖盐生产工艺

从图 1 –62、图 1 –63、图 1 –64 可知,制盐生产工艺的主要耗能为:井矿盐耗电钻井并用水溶解;海盐与井矿盐的饱和卤水耗大量蒸汽浓缩、结晶、干燥;海湖原盐的洗涤与耗大量蒸汽干燥;设备、容器、罐的洗涤;动力车间的耗电和进行各种耗电单元操作。

制盐生产综合利用产品工艺的耗能为：饱和卤水经结晶提取盐后的废母液，通过耗水与耗能的分离、洗涤、精制、干燥等单元操作生产化工产品。

盐业生产的综合废水主要是废卤水与各种设备、容器、罐的洗涤水，浓缩工艺二次蒸汽冷凝液。废水可以返回生产循环利用，也可以返回井矿等地方。

14. 脱水与速冻果蔬生产工艺

我国是蔬菜、水果种植大国，据《中国农业展望报告（2016—2025 年）》披露，2017 年年产量分别达到 7.79 亿 t 与 2.81 亿 t，占世界总产量四成以上，但是加工率只有一成（先进国家达四成以上），每年新鲜果蔬自损和损耗达五成（先进国家在二成以下），经济损失超过几千亿元。根据中国居民营养与健康状况调查，城市居民日新鲜蔬菜、水果摄入量分别只有 269g、41g，只有中国营养学会推荐量的五成、二成。因此，进一步提高蔬菜与水果加工率潜力巨大，为贮藏农产品与满足市场需要已是刻不容缓。除将果蔬生产饮料外，可将它们采用脱水、冷冻、干燥、腌制等工艺生产脱水与速冻果蔬产品，及其他产品。脱水与速冻果蔬生产工艺见图 1－65。

果蔬原料→预处理（清洗、切分、烫煮、护色、灭菌），烫煮与灭菌有二次蒸汽→热风（冷冻）干燥和速冻，有二次蒸汽→

后处理（灭菌）→包装→脱水与速冻果蔬产品

图 1－65　脱水与速冻果蔬生产工艺

从图 1－65 可知，脱水与速冻果蔬生产工艺的主要耗能为：果蔬原料用水清洗；耗大量蒸汽加热烫煮、灭菌、干燥产品；耗大量电冷冻干燥产品等。

脱水与速冻果蔬生产综合废水主要是果蔬原料与各种设备、容器、工具的洗涤水，烫煮废水，水果与蔬菜汁液。

15. 焙烤食品糖果生产工艺

焙烤食品糖果生产包括糕点、面包、饼干、糖果、巧克力等食品生产。2016 年，焙烤食品糖企业 23800 家，生产总产量 3528 万 t，产值 7390 亿元。根据国家统计局对规模以上企业统计及行业测算数据显示，2017 年焙烤食品糖制品总产量 3590 万 t，总产值 7432 亿元，利润总额 580 亿元。

糕点、面包制造是指用米粉、面粉、豆粉为主要原料，配以辅料，经配料、发酵、成型、油炸、烤制等工艺生产的各种食品；饼干及其他食品制造是指以面粉或糯米粉、糖和油脂为主要原料，配以奶制品、蛋制品等辅料，经焙烤制成的各种产品，以及用粮薯豆类制成的口感酥脆的焙烤食品；糖果制造是指以砂糖、葡萄糖浆、饴糖为主要原料，加入油脂、乳品、果仁、香料、食用色素等辅料制成的各种糖果；巧克力制造是指以可可、可可脂、可可酱、砂糖、乳品为主要原料制成的各种巧克力制品。糕点与面包、饼干、糖果、巧克力生产工艺分别见图1-66至图1-69。

米粉、面粉、豆粉与辅料→ 配料 → 发酵 → 醒发与成型 → 烘烤，有二次蒸汽 → 冷却 → 包装 →面包与糕点

图1-66 糕点与面包生产工艺

面粉、粮豆→ 配料 → 辅料、添加剂与面团调制 → 辊制 → 成型 → 烘烤，有二次蒸汽 → 冷却 →饼干

图1-67 饼干生产工艺

砂糖、葡萄糖浆、饴糖与辅料→ 化糖 → 过滤 → 熬糖 → 与添加剂搅拌 → 冷却 → 成型 →硬糖

图1-68 糖果生产工艺

可可豆→ 焙炒 → 粗磨 →可可液→ 精磨 → 压榨（可可饼） →液体可可脂→ 调湿 → 浇模硬化 →可可液块→
与砂糖、乳制品混合 → 精磨 → 过滤 → 浇模硬化 → 脱模 →纯巧克力

图1-69 巧克力生产工艺

从图1-66至图1-69可知，焙烤食品糖果生产工艺的主要耗能为：原料的耗水配料，用饮用水化糖、将可可豆配制可可液；耗蒸汽、耗电化糖、搅拌配料、焙炒、熬糖、压榨、烘烤、烘干（干燥）；糕点、面包、饼干、糖果的耗电冷却；用水制备饮料用水，各种设备与容器的洗涤水。

焙烤食品糖果生产综合废水主要是各种设备、工具、容器的洗涤水。

16. 速冻与米面制品生产工艺

速冻制品生产是以粮食为主要原料，辅以肉类、蔬菜，加工成烹制与未烹制的主食品后，立即进行速冻，在冷冻条件下运输、储存、销售，速冻食品生产工艺见图1-70；米面制品生产是以粮食为主要原料，经粗加工，未经烹制的各类制品。2016年挂面总产量为250万t，米粉、挂面生产工艺分别见图1-71、图1-72；方便面生产是以粮食为主要原料，辅以食品辅料，经加工可以直接食用的主食品，2016年方便面总产量为380亿份，生产工艺见图1-73。

小麦粉或糯米粉、添加剂→ 和面 → 熟化 → 制皮 →馅料→ 成型 → 速冻 → 包装 → 冷冻保藏 →饺子、汤圆

图1-70　速冻食品生产工艺

精米→ 洗米 → 淘砂 → 浸米 → 熟化 → 挤条与挤丝 → 冷却 → 蒸丝 → 冷却 → 切块 → 干燥 →产品

图1-71　米粉生产工艺

小麦粉→ 和面 → 熟化 → 轧片 → 切条 → 成型 → 烘干 → 包装 →挂面

图1-72　挂面生产工艺

小麦粉→ 和面 → 熟化 → 轧片 → 切条 → 成型 → 蒸制 → 油炸 → 冷却 → 包装 →油炸方便面

图1-73　方便面生产工艺

从图1-70至图1-73可知，速冻与米面制品生产工艺的主要耗能为：小麦粉加水和面，精米的洗米与浸泡，各种设备与容器的洗涤水；耗蒸汽蒸制、油炸、干燥中间产品；耗大量电进行和面、轧片、切条、成型、速冻、冷冻保藏、冷却；动力车间的耗电和进行各种耗电单元操作。

速冻与米面制品生产综合废水主要是洗米与浸泡水（属高浓度废水），废水量不大；蒸丝与蒸制冷凝水；以及各种设备、容器的洗涤水。

17. 食品添加剂生产工艺

食品添加剂是为改善食品品质和色、香、味及防腐、保鲜需要而加入食品中的天然或人工合成的物质（包括食品用香料和加工助剂）。2016年，全国食品添加剂总产量1056万t，总产值1035亿元。

食品添加剂品种繁多，有以农副产品为主要原料，用水或有机溶剂（食用酒精）浸提活性组分，再进行分离与提取生产的（图1-74）；也有以农产品（有淀粉或糖类）为主要原料，在一定条件下，接入专用微生物采用生物发酵工艺培育出活性组分，再进行分离与提取生产的（图1-75）；还有以各种化学品为主要原料的，采用化学合成工艺生产活性组分的（图1-76）。

农产品→ 干燥 → 粉碎 → 食用有机溶剂提取或热水浸取 → 分离 → 将滤渣或滤液精制 →

采用浓缩、离子交换、结晶、膜分离工艺生产中间产品 → 干燥 →产品

图1-74　从农产品提取食品添加剂生产工艺

农副产品→ 干燥 → 粉碎 → 液化 →发酵→ 分离 → 视添加剂在滤渣、滤液采用不同单元操作（滤液可采用浓缩、离交、结晶、膜分离等）生产中间产品 →

干燥 →产品

图1-75　生物发酵法生产食品添加剂工艺

无机与有机化合物、试剂→ 一定压力与温度条件（有催化剂）下反应 → 反应物 → 分离或提取 → 干燥 →

产品

图1-76　化学合成法生产添加剂工艺

介绍几种生产能耗高的添加剂产品：用玉米芯生产木糖（工艺见图1-77），再用木糖生产木糖醇（工艺见图1-78）；用低档茶与碎茶末生产茶多酚（工艺见图1-79）。

玉米芯→ 洗涤 → 生物酶解 → 脱色 → 中和 → 离子交换 → 浓缩 → 离子交换 → 浓缩 → 结晶 → 分离 →

干燥 →产品（结晶木糖）

图1-77　玉米芯生产木糖工艺

木糖→ 溶糖 → 过滤 → 调pH → 氢化 → 脱色 → 离子交换 → 浓缩 → 结晶 → 分离 → 干燥 →产品（木糖醇）

图1-78　木糖生产木糖醇工艺

低档茶与碎茶末→ 粉碎 → 热水提取两次 → 压滤（滤渣作饲料） → 滤液 → 离子交换 → 乙醇 → 洗脱 →

蒸发浓缩与回收酒精 → 低温干燥 → 产品（茶多酚）

图1-79　茶多酚生产工艺

食品添加剂生产工艺的主要耗能为：耗电将原料与产品粉碎和超微粉碎，进行好氧发酵，提取、分离、干燥的超临界二氧化碳萃取、微波萃取、固液分离、低温冷冻干燥；耗蒸汽加热料液保证活性组分浸提，进行发酵的液化与糖化工艺，以及进行母液的浓缩、结晶，产品的干燥单元操作；活性组分浸提液的用水配制；液化、糖化、浓缩操作的大量冷却水；原料、离子交换树脂、膜反应器、生产设备、反应器、管道的洗涤水；动力车间的耗电和进行各种耗电单元操作。

食品添加剂生产工艺的主要污染源为一些食品添加剂生产产生的废提取液、废母液、发酵废母液、结晶废母液，均属高浓度有机废液〔COD 15000（mg/L）以上〕，必须采用浓缩干燥工艺生产综合利用品（如，肥料与燃料）。

食品添加剂生产综合废水主要是原料与中间产品洗涤水、分离设备和容器洗涤水、离子交换树脂与膜反应器处理水、浓缩与结晶工艺的二次蒸汽冷凝液等。综合利用废母液、发酵废母液、结晶废母液产生的中低浓度废水。

第三节　食品工业生产耗能点与污染源的确定原则

从图 1-1 至图 1-79 可以看出，确定每种食品生产的耗能点和污染源，应遵循原料（农副产品、半成品原料、全成品原料）—规模（以企业所在行业的平均年产量为依据）—生产工艺（手工操作、间歇操作、半机械化、全自动化和全程、配制）—产品型式（固体、液体、浓缩液）的原则，即同一食品生产的不同原料、规模、生产工艺、产品型式，有不同的耗能点和污染源，同时，生产每吨产品的能耗量与污染负荷也会有很大的不同。

第二章

食品工业节能理论与潜力

第一节　食品工业生产耗能概况

食品各行业生产使用的能源包括水（新鲜水、软化水）、电力、原煤（洗精煤、洗煤、煤泥）、原油（汽油、煤油、柴油、燃料油）、天然气（液化石油气、油田或气田天然气、煤气）等。同时，还包括压缩空气、氧气、氮气。

一、食品生产的耗能

1. 用水

食品生产的取水主要是用于配料（包括糖蜜的稀释）、液化、糖化、发酵、蒸馏、浓缩、结晶工艺的冷却水，原料、中间产品、设备、反应器、包装容器、管道的洗涤，车间地面的冲洗水，生产工艺需用水制备纯水及锅炉房用水制备软化水生产蒸汽。生产每吨酒精、白酒、味精、柠檬酸、制糖、罐头、酵母、酶制剂、淀粉糖、浓缩饮料等行业产品的取水量（20m³ 以上）较大，主要原因是上述大部分产品有发酵工艺（液化、糖化、发酵），需耗用大量冷却水，另一个原因是这些产品采用的主要单元操作，如，加热、蒸馏、蒸发、分离、结晶等也将耗用大量的冷却水和洗涤水。

食品工业年用水量 100 亿 m³，排列在电力、化工、纺织工业之后，但是应指出的是，其中 50 亿 m³ 是可以回收的冷却水、低污染水，目前，回用利用率仅为 50%。

2. 耗电

食品生产单元操作基本上都涉及电气装置与设备，如，搅拌器、电机、泵、空压机组、制冷机组、风机、照明设备等，相同装置与设备在同一生产工艺中耗电量会有差别，主要是采用的电气装置与设备是否属于先进系列，以及是否采用变频调速技术。当然，耗电量还与生产工艺有很大关系，如发酵液的深层好氧发酵同比厌氧发酵，耗电量大得多。

经初步估算，食品工业年耗电量在 1800 亿 kW·h 左右。该值按《综合能耗计算通则》规定的电力（当量值）折标准煤系数，可换算成年消耗 0.22 亿 tce。

3. 耗蒸汽

食品生产工艺涉及料液、中间产品、产品的加热、液化、糖化、浓缩、蒸馏、蒸发、结晶、干燥、脱气、灭菌等工艺，均需消耗大量的加热蒸汽。

生产 1t 白酒、味精、柠檬酸、酵母、酶制剂、食糖、淀粉（淀粉糖）、浓缩果蔬汁等产品耗用加热蒸汽量均超过 5t，特别是生产 1t 清香型、浓香型、酱香型白酒耗用加热蒸汽分别达到 7t、14t、21t，主要是这些产品的生产工艺有与加热有关的单元操作。

耗蒸汽量大的几个产品，耗标煤量也是高的，如生产 1t 白酒、味精、酶制剂、酵母均超过 1tce。生产某些食品添加剂的标煤量还要高些，如，生产 1t 玉米芯低聚木糖（系列产品均值）需玉米芯 8t 以上，取水、电、汽分别为 100t、2500kW·h、10t，折合 1.6tce。

食品工业年消耗原煤 1.5 亿 t。该值按《综合能耗计算通则》（GB/T 2589—2008）规定的低压蒸汽（无具体压力数字）的折标准煤系数（0.71kgce/kg），可换算成年消耗 1.1 亿 tce，生产蒸汽 8.6 亿 t。如按《节能统计指标体系及考核指标》（中石油化工 [2007] 338 号）规定，食品企业常用的 1.0MPa 蒸汽的平均低位发量 3182MJ/t，则 1.1 亿 tce 可生产蒸汽 9.9 亿 t。

二、 食品工业节能应关注的两大重点行业

由食品生产耗能可知，食品工业节能的重点应为酿酒、发酵两大行业。

酿酒工业由酒精、白酒、啤酒、黄酒、葡萄酒、果露酒行业组成。应指出的是，随着国内石油需求的进一步提高，替代能源已成为中国能源政策的一个方向，2006 年 1 月 1 日起实施的《中华人民共和国可再生能源法》指出："国家鼓励清洁、高效地开发利用生物质燃料、鼓励发展生物能源……"当前，有代表性的生物质燃料之一是燃料乙醇，考虑到食用酒精与燃料乙醇的原料、生产工艺、综合利用、废水治理基本相同，特别是燃料乙醇行业的管理归口在中国酿酒工业协会，因此，燃料乙醇尽管不是食品，但与食用酒精可同属一个领域阐述。国家统计局统计快报显示，2016 年全国发酵酒精产量 952 万 kL（年主营业务收入在 2000 万元以上的工业法人企业），其中包括燃料乙醇产量 253 万 kL（八家生产企业），可见尚未将两产品分开统计。

2016 年，全国规模以上酿酒生产企业 2700 家（总数 15000 家），采用 25 种主要粮食与农副产品原料，年耗用水 9.7 亿 m^3、耗电 88.3 亿 kW·h、耗蒸汽 2.8 亿 t，生产能耗折合 3600 万 tce（占食品工业总能耗的 27.7%），使用 40 多个生产工艺，生产几百种产品，2016 年酿酒工业总产量达到 7226 万 kL，其中饮料量产量 6274 万 kL，总产值 9800 亿元，实现利润 1100 亿元。该工业年排放废水总量 7.1 亿 m^3、排放有机物 400 万 t，产生酿酒加工废弃物 1000 万 t。目前，中国酿酒工业进入深度调整期，未来的酿酒业将以消费需求为导向、以创新驱动力为引领、更加充满生机和活力。据悉，2018

年 4 月 17 日召开的中国酒业协会五届理事会七次（扩大）会议披露，2017 年，全国酿酒行业规模以上企业完成酿酒总产量 7077.4 万 kL，其中饮料酒产量 6050 万 kL，2781 家规模以上企业累计销售收入 9240 亿元，实现利润 1314 亿元。

发酵工业由氨基酸（主要是味精）、有机酸（主要是柠檬酸）、淀粉糖、酶制剂、酵母、多元醇、功能发酵制品等行业组成。全国具有相当规模的发酵生产企业 300 多家，总数 1000 多家，经估算，年耗用水 7 亿 m³、耗电 109 亿 kW·h、消耗 2000 万 t 原煤，生产能耗折合 1560 万 tce（占食品工业的 12%），采用数十个生产工艺，生产 300 种产品，2016 年发酵产品总产量达到 2629 万 t，产值 3000 万元，年均增长率 4.7%。该工业年排放废水为 4 亿 m³、排出有机物 227 万 t，产生废弃物 2000 万 t。

三、 企业生产能耗存在差距的主要原因

食品生产大型企业在取水、节水、节电、节汽方面都有一定的措施，并取得了较好的成绩，单位产品取水量、水重复利用率、电耗、汽耗能达到行业先进水平；中小型企业，特别是小型、微型企业，节水、节汽措施普遍不力。同一行业不同企业生产单位产品能耗可能相差一倍，甚至更多，深究其原因主要是选择的生产工艺与设备不尽合理，没有采用国家与行业推荐的节能工艺与设备，特别是尚未在洗涤、加热、蒸发、蒸馏、浓缩、结晶、干燥、灭菌等单元操作后，配套合适的处理、冷却（冷凝）、多效蒸发、再压缩、回收等工艺，以大力回收水、汽资源。

第二节　食品工业生产能耗标准与估算

食品生产企业节能主要包括节水、节电、节汽，节约原材料，加强生产组织与管理。大力提高食品生产的资源与能源（产生各种能量的物质）的利用效率，是节能迫切需要解决的问题。

一、 生产能耗计算依据

生产能耗包括生产过程中所消耗燃料的能量和电力与水。节能是传统生产采用新工艺、新设备和新技术后，生产 1t 产品减少的水耗（包括取水和循环用水）、电耗，蒸汽、燃油、天然气等消耗量，以及按《综合能耗计算通则》规定将节约的能耗量折算成综合能耗的标煤量，从而使不同的企业和生产工艺在统一标准下进行比较。

各种能源的消耗量与折标煤系数，可按《综合能耗计算通则》（GB/T 2589—2008）规定计算，即原煤低位发热量与折标煤系数分别为 20908kJ/kg、0.7143kgce/kg；燃料油低位发热量与折标煤系数分别为 41816kJ/kg、1.4286kgce/kg；液化石油气低位发热量与折标煤系数分别为 50179kJ/kg、1.7143kgce/kg；低压加热蒸汽低位发热量与折标煤系数分别为 3763MJ/t 和 0.1286kgce/kg，应着重指出的是，该低压加热蒸汽尚未注明具体压力。

《综合能耗计算通则》提出的各种能源折标煤系数的当量值与等价值基本相同，但提出的电力当量值、等价值分别为 0.1229kgce/kW·h、0.334kgce/kW·h（按当年火电发电标准煤耗计算），两个不同数值给综合能耗计算带来麻烦，节能评估报告、各种节能数值需按《通则》的当量值与等价值列成两大系列。后国家发展改革委提出的《固定资产投资项目节能评估和审查暂行办法》（2010 年 6 号令），以及《固定资产投资项目节能审查办法》（2016 年 44 号令）均提出电力以当量值计算，即水、电、低压加热蒸汽折标煤系数分别为 0.0857kgce/m³、0.1229kgce/kW·h、0.1286kgce/kg，将它们进行折算后计算总和即为总的综合能耗。由此给节能数值的计算带来方便。

《综合能耗计算通则》中有各种能源折标煤参考系数，其中蒸汽（低压）平均低位发热量为 3763MJ/t（900Mcal/t），通则尚未提出"低压"的具体范围，而《节能统计指标体系及考核指标》（中石油化工［2007］338 号）中"耗能工质（蒸汽和水）能量折算值表"规定了 5.0MPa 的低位发热量为 3745MJ，也就是说该值与《综合能耗计算通则》提出的"低压蒸汽"的低位发热量很相近，因此如有食品企业生产食品并使用 5MPa 加热蒸汽，则可以采用《综合能耗计算通则》所列低压蒸汽的低位发热量进行换算比较。

《节能统计指标体系及考核指标》中"耗能工质（蒸汽和水）能量折算值表"，规定了各种压力蒸汽的平均低位发热量，即 1t 10.0MPa（低位发热量 3852MJ）、5.0MPa（低位发热量 3745MJ）、3.5MPa（低位发热量 3684MJ）、2.5MPa（低位发热量 3537MJ）、1.5MPa（低位发热量 3329MJ）、1.0MPa（低位发热量 3182MJ）、0.7MPa（低位发热量 2996MJ）、0.3MPa（低位发热量 2763MJ）、<0.3MPa（低位发热量 2303MJ）级蒸汽能量折算值，因此可根据使用的加热蒸汽压力确定能量折算值，计算一定量加热蒸汽的潜热值，这样给计算与换算带来了很大方便。

食品生产企业使用的燃煤、燃油、燃气锅炉生产具有较高压力与温度的过热蒸汽，需经减压、降温、喷水装置后，通过分汽缸向与加热有关的单元操作大多提供 1MPa 左右的饱和蒸汽。即可按化工系统"耗能工质（蒸汽和水）能量折算值表"1MPa 压力蒸汽的平均低位发热量为 3182MJ/t，进行各种计算。

二、 食品生产节能标准与定额

国家发展改革委为指导和规范食品企业生产用水，从 2004—2006 年，主持制定了啤酒、酒精、味精制造三个行业取水定额，2014 年已完成三个行业取水定额的修订，即 GB/T 18916.6、GB/T 18916.7、GB/T 18916.9，同时增加了白酒制造、柠檬酸制造两个行业取水定额，即 GB/T 18916.15、GB/T 18916.25，中国饮料工业协会制定了《饮料制造取水定额》（QB/T 2931—2008）。期间，国家质量监督检验检疫总局还制定了《味精行业节水型企业标准》（GB/T 32165—2005）。

2007—2016 年，国家有关部门还制定了一系列与节水、水重复利用率、能耗指标有关的指标体系、技术指南、推行方案、文件（行业准入条件与产业政策），应指出的是，上述指南、方案、文件并不是专门为行业制定的能耗指标，但在具体内容中有能耗指标。主要文件材料有《关于促进玉米深加工业健康发展的指导意见》（国家发展改革委能源［2007］2245 号）、《发酵行业清洁生产评价指标体系（试行）》（国家发展改革委公告 2007 年 41 号）、《乳制品加工行业准入条件》（国家发展改革委公告 2008 年 26 号）、《乳制品工业产业政策》（修订国家发展改革委公告 2008 年 35 号，工业和信息化部工联产业 2009 年 48 号）、《浓缩果蔬汁（浆）加工行业准入条件》（工业和信息化部公告 2011 年 27 号）、《促进大豆加工业健康发展的指导意见》（国家发展改革委发改工业［2008］2245 号）、《发酵、啤酒、酒精、肉类加工行业清洁生产技术推行方案》（工业和信息化部节［2010］104 号）、《轻工（啤酒、酒精、味精、柠檬酸、制糖、制盐）行业节能减排先进适用技术目录和指南》（工业和信息化部 2012 年 9 月，无文号）、《制糖行业清洁生产技术推行方案》（工业和信息化部节［2011］113 号）、《制糖行业清洁生产水平评价标准》（QB/T 4570—2013）、《柠檬酸单位产品能耗消耗限额》（QB/T 4615—2013）、《味精单位产品能耗消耗限额》（QB/T 4616—2013）、《糖单位产品能耗消耗限额》（GB 32044—2015）、《啤酒单位产品能耗消耗限额》（GB 32047—2015）、《水污染防治食品行业清洁生产技术推行方案》（工业和信息化部联节［2016］275 号）。中国饮料工业协会制定了"饮料制造综合能耗限额"（QB/T 4069—2010）。

2006—2010 年，环境保护部发布的食品行业清洁生产标准有：啤酒制造业（HJ/T 183—2006）、食用植物油工业（HJ/T 184—2006）、甘蔗制糖业（HJ/T 186—2006）、纯牛乳业（HJ/T 316—2006）、全脂奶粉业（HJ/T 316—2006）、白酒制造业（HJ/T 402—2007）、味精工业（HJ 444—2008）、淀粉（玉米）行业（HJ 445—2008）、葡萄酒制造业（HJ 452—2008）、酒精制造业（HJ 581—2010）等 10 个行业。这些标准按清洁生产指标要求分成三个等级，一级、二级、三级分别为国际清洁生产先进水平、国内清洁生产先进水平、国内清洁生产基本水平。并规定了清洁生产指标要求，包括生产工艺与装备要求、资源能源利用指标、产品指标、污染物产生指标等。在各制造业清洁生产标准文本的表 1（即具体指标），均制定了生产每吨产品的能耗指标。

经实测确定的生产 1t 食品产品的水电汽、综合能耗可与国家有关标准规定的能耗限额或物料衡算的计算值进行比较。

三、食品行业节能估算

食品工业有 10 个中类行业尚未有相关能耗的标准、限额、指标体系可供参考，企业可以采用物料衡算方法进行计算与估算其限额、指标。同时，行业就是有了国家有关标准规定的能耗限额、指标，企业也应用物料衡算方法确定的计算值来进一步核算与验证。

1. 生产取水的估算

生产 1t 产品的水耗，可参考有标准的一些行业生产工艺的产品。并还可采取估算的方法，即分析生产 1t 产品尚需多少吨原料，每吨原料所需拌料与洗涤用水；各种设备（车间）的冲洗用水；浓缩工艺产生二次蒸汽的冷却水用量，该用量可通过二次蒸汽或冷却水的热焓衡算来估算；各种料液冷却工艺的冷却水用量，可通过料液冷却所产生热焓或冷却水提高的热焓的衡算来估算；锅炉生产 1t 加热蒸汽需多少吨软化水，可按单效蒸发器原理计算，并加上水处理工艺和损耗的水量，上述单元操作及总耗水量基本上都有一个数值范围，从而也可以找到节水的依据。

2. 生产耗电的估算

生产 1t 产品的电耗。用电指标可参考《建筑电气常用数据手册（第二版）》《工业与民用配电设计手册（第三版）》，按照需要系数法确定最大计算负荷，再通过平均负荷计算生产产品年电力消耗量。生产 1t 产品的电耗可与国家、行业有关标准规定的能耗限额进行比较。

3. 生产汽耗的估算

生产 1t 产品的加热蒸汽消耗，可以参阅各种版本《化学工业过程及设备》（化工原理或化工单元操作设备），这些教科书都详细介绍了加热、蒸发、蒸馏、浓缩、结晶、干燥 1t 水所需加热蒸汽潜热的理论值，以及如何确定与加热单元操作有关的液体热焓、二次蒸汽产生量、二次蒸汽热焓，并附有饱和蒸汽压表（表 2-1）。核算生产 1t 食品，与加热有关单元操作消耗加热蒸汽量的总和，即为生产 1t 食品耗汽量。分析生产 1t 产品实际消耗的加热蒸汽量与理论汽耗值差距，也可找到节能的依据。

表 2-1　　　　　　　　　　　　　饱和水蒸气表

温度 /℃	绝对压力 /kPa	液体（料液）热焓（即显热）/（kJ/kg）	加热蒸汽热焓（不包括热量等损失）/（kJ/kg）	汽化热（即二次蒸汽热焓）/（kJ/kg）
0	0.61	0	2491.3	2491.3
5	0.87	20.94	2500.9	2480.0
10	1.23	41.87	2510.5	2468.6
15	1.71	62.81	2520.6	2457.8
20	2.33	83.74	2530.1	2446.3
25	3.17	104.68	2538.5	2433.9
30	4.25	125.60	2549.5	2423.7
35	5.62	146.55	2559.1	2412.6
40	7.37	167.47	2568.7	2401.1
45	9.68	188.42	2577.9	2389.5
50	14.98	209.34	2587.6	2378.1
55	15.74	230.29	2596.8	2368.5
60	19.92	251.21	2606.3	2355.1
65	25.01	272.16	2615.6	2343.4
70	31.16	293.08	2624.4	2331.2
75	38.50	314.03	2629.7	2315.7
80	47.40	334.94	2642.4	2307.3
85	57.90	356.90	2651.2	2295.2
90	70.10	376.81	2650.0	2283.1
95	84.50	397.77	2688.8	2271.0
100	101.3	418.68	2677.2	2258.4
105	120.8	439.64	2685.	2245.5
110	143.3	450.97	2693.5	2232.4
115	169.1	481.51	2702.5	2221.0

续表

温度 /℃	绝对压力 /kPa	液体（料液）热焓（即显热）/（kJ/kg）	加热蒸汽热焓（不包括热量等损失）/（kJ/kg）	汽化热（即二次蒸汽热焓）/（kJ/kg）
120	198.6	503.67	2708.9	2205.2
125	232.1	523.38	2716.5	2193.1
130	270.2	546.38	2725.9	2177.6
135	313.0	565.25	2731.2	2166.0
140	361.4	589.08	2737.8	2148.7
145	415.6	507.12	2744.6	2137.5
150	476.1	632.21	2750.7	2118.5
160	618.1	675.75	2762.9	2087.1
170	792.4	719.29	2773.3	2054.0
180	1003	763.25	2782.8	2019.5
190	1255	807.63	2790.1	1982.5
200	1564	852.01	2795.6	1948.5
250	3976	1081.46	2790.1	1708.6
300	8591	1325.54	2708.0	1382.5
350	16535	1636.20	2516.7	880.5

关于项目节能评估的具体步骤与办法可参阅《固定资产投资项目节能审查办法》（国家发展改革委 2016 年 44 号令）。

第三节　食品工业生产节能审核原则与评估

食品企业需对固定资产投资项目进行节能评估和审查，也需要对正在生产的项目进行节能审核。节能审核与评估应遵循以下四大原则和 11 项定量依据。

一、 企业能源与耗能体系的统计范围

企业能源耗能体系统计边界应包含从能源购入到产品包装出厂的全生命周期，用能环节包括购入储存、加工转换、输送分配、终端使用四个环节。购入储存的能源有原

煤、原油、天然气、电力和水，然后通过锅炉加工输出蒸汽（也可直接购入蒸汽）；或通过热电站加工转换输出电力和蒸汽，并将电力、蒸汽输送分配至终端使用系统。终端使用包括生产设备、辅助生产设备、附属设备的耗能。

二、 企业生产实物能耗与耗用量的衡算

企业生产产品的取水量、电耗、加热蒸汽消耗量应与生产工艺耗用量进行衡算。能源的原始实物量综合能耗需与生产工艺、辅助车间、附属车间实际消耗的能源综合能耗进行衡算；加热蒸汽潜热应与有关加热单元操作实际消耗的热焓（包括二次蒸汽热焓）进行衡算。

能源原始实物量与消耗量、加热蒸汽潜热与消耗的热焓应分别画出衡算图，即"总供入能量（购入煤炭、天然气、原油、电力、新鲜水）—购入存储损失—加工转换损失（锅炉或热电站）—输送分配损失"和"有效能量—主要生产、辅助与附属车间耗能—终端使用损失"；热量衡算应遵循"供入能量（煤炭、天然气、原油）—购入存储损失—加工转换损失—输送分配损失—加热蒸汽冷凝水热焓"和"有效能量（加热蒸汽）潜热—主要生产、辅助与附属车间耗用加热蒸汽（包括终端使用损失）的潜热—二次蒸汽与二次蒸汽冷凝水的热焓"。

三、 评估能源消耗与能效水平的主要指标

能源消耗和能效水平评估，应包括能源消耗量、能源消费结构、能量利用效率、余热余压与冷却水回收利用率、加热蒸汽冷凝水回用率、再生水利用率、企业供水管网漏损率、能源的运输与储存和加工与转换的损失率、节能生产工艺与技术设备的改造等11项。11项定量依据分别介绍如下。

1. 能源消耗量

能源消耗量包括煤炭、天然气、沼气、蒸汽、电力、水等的消耗量。

2. 能源消费结构

能源消费结构应将生产体系购置的煤炭、天然气、煤气、沼气、蒸汽、电力、水等消耗量按《综合能耗计算通则》换算成标准煤量。根据生产产品的总产量计算消耗的综合能耗总量（各种能耗折算成标准煤量之和），并分别计算各类能耗（标准煤）占综合能耗总量的百分比值，即煤炭、天然气、煤气、沼气、蒸汽、电力、水等消耗量（标准煤）占综合能耗总量（标准煤）的比例。计算能源消费结构尚需注意以下几点：

（1）生产体系是单一的产品，还是多个产品。如果要从多个产品生产体系测算某一个产品能量消费结构，则要遵循物料衡算，确定某一产品的各种能耗。

（2）生产体系能量消耗种类有煤炭与外购蒸汽，则应分别计算煤炭、蒸汽消耗量占综合能耗总量的百分比值。目前正在大力提倡回收利用二次蒸汽热焓，如果已经使用，则应在生产体系能量的消耗种类中加上二次蒸汽，并计算已使用二次蒸汽热焓占综合能耗总量的百分比值。

（3）生产体系耗能工质除新鲜水、软化水外，还有工艺回用水、冷却循环水、再生水，应分别计算新鲜水、软化水、工艺回用水、冷却循环水、再生水消耗量占综合能耗总量的百分比值。

3. 能量利用效率 （％）

能量利用效率（％）应为有效能量与供入能量之百分比值，能量单位均需换算成标准煤。

有效能量是提供终端主要生产（用能工艺与设备）、辅助生产（耗能装置）、附属生产（照明与运输）所需的能量。

供入能量应为购入储存能量，包括煤炭和天然气（均用来生产加热蒸汽）、直接购入加热蒸汽、电力（热电系统供给或直接购电）、水，供入能量应扣去加工转换损失能量，其主要是热电系统的转换，蒸汽发电产生的二次蒸汽热焓将带走较多的热量；还需扣去输送分配损失能量，其中包括变压器变损、高低压线路线损、蒸汽输送过程的热量损失，其他损失能量。

计算能量利用效率必须遵循物料衡算原则。计算某一个产品生产的有效能量与供入能量，必须完全是某一个产品的，从若干个产品生产中计算某一个产品能量利用效率，需通过实测和衡算确定有效能量和供入能量。

4. 加热蒸汽冷凝水回用率 （％）

锅炉生产加热蒸汽的冷凝水回用率（％）是指锅炉生产加热蒸汽冷凝水产生利用量（t）与生产蒸汽量（t）的百分比值。

5. 余压余热回收利用效率 （％）

余压回收利用效率是针对回收加热、蒸发（浓缩）、结晶、灭菌（蒸汽）、干燥单元操作产生的二次蒸汽（低压蒸汽）热焓而言；余热回收利用效率是针对料液加热单元操作产生的液体热焓（显热）而言，即为各种料液加热到较高温度经热交换工艺降到较低温度所释放出的热焓，或冷却水从较低温度经热交换工艺提高到较高温度所吸收的热焓。计算余热回收利用效率时，料液热焓还应包括锅炉生产的加热蒸汽冷却为冷凝水所释放出的热焓。

即，余热余压利用效率（％）＝已回收的二次蒸汽热焓与料液热焓之和（kJ）/可以回收的二次蒸汽热焓与料液热焓之和（kJ）

由上式可见，也可按需要将二次蒸汽热焓与料液热焓分开计算，分别计算余压与余热回收利用效率。

6. 冷却水循环利用率 （％）

食品生产的各种料液的加热操作按工艺要求达到较高温度后，用冷却水进行热交换，按需要将料液（包括二次蒸汽）降到某个较低温度。由于冷却水尚未污染，经降温除盐后能循环利用，但循环数次后仍需排放。

冷却水循环利用率（％）＝［阶段使用冷却水量（t）－排放冷却水量（t）］/阶段使用冷却水量（t）

7. 再生水利用率 （％）

企业再生水利用率（％）是指达标再生水量与达标排放水量的百分比值。

达标再生水可用于农业灌溉、绿地浇灌、生产冷却、景观环境和城市杂用（洗涤和生活冲厕）。

8. 企业供水管网漏损率 （％）

企业内部供水管网漏损率（％）是指企业供水总量和有效供水总量之差与自来水集团的供水总量的百分比值。

9. 能源的运输与储存

（1）煤炭在储运过程中会有少量损失，如采用喷洒等减损抑尘等技术，损失量应低于5‰。

（2）电力（变压器、线路）输送过程也会有少量损失，可根据《工业与民用配电设计手册》（第三版）电力变压器有功电能损耗进行计算。

（3）蒸汽输送使用过程会有不同程度的热量损失，可根据《化学工业过程及设备》教科书介绍的热力学定律和导热、传热、给热系数进行计算与确定。

10. 能源的加工与转换损失率

食品生产企业能源加工转换损失率，可求出煤炭、石油、天然气生产的蒸汽量与理论值的比值。可按《综合能耗计算通则》（GB/T 2589—2008）和《节能统计指标体系及考核指标》（中石油化工［2007］338号）有关标准，将生产具有一定压力的加热蒸汽量与标准值进行比较。进行计算时，应明确采用的标准。

《综合能耗计算通则》是国家标准。该计算通则所示 1t 标准煤（29400MJ）、1t 原煤（20908MJ）理论上分别可生产 7.8t、5.5t 的低压蒸汽（平均低位发热量为 3763MJ/t）。

食品生产企业如向加热的单元操作提供 1MPa 左右的饱和蒸汽，可采用《节能统计指标体系及考核指标》（中石油化工计［2007］338 号），参照其中"耗能工质（蒸汽和水）能量折算值表"规定的各种压力蒸汽的平均低位发热量，如按 1t 1.0MPa（低位发热量 3182MJ）计算，1t 标准煤（29271MJ）、1t 原煤（20908MJ）分别可生产 9.2t、6.6t 的 1.0MPa 低压蒸汽。如向单元操作提供其他压力的加热蒸汽，则也可采用《耗能工质能量折算值表》的其他压力蒸汽的低位发热量。

锅炉耗用各种能源生产的实际蒸汽量就可与上述理论指标进行比较，计算加工与转换损失率。有些企业是热电系统，则可将耗用煤炭量折算成标准煤，与生产的蒸汽、电力量（均折算成标准煤量）进行衡算，也可计算加工与转换损失率。

11. 节能生产工艺与技术设备的改造

食品企业节能生产工艺与设备和技术的改造要符合节能基本原理，并经一定时间的运行，有年节约标准煤量，节能量计算可靠，有较好的经济社会环境效益。可参阅 2005 年来，国家发展改革委发布的《国家重点节能技术推广目录》，工业和信息化部发布的《国家鼓励的工业节水工艺技术和装备目录》《发酵、啤酒、酒精、肉类加工行业清洁生产技术推行方案》《轻工（啤酒、酒精、味精、柠檬酸、制糖、制盐）行业节能减排先进适用技术目录和指南》《水污染防治重点工业行业清洁生产技术推行方案》，科学技术部发布的《节能减排与低碳技术成果转化推广清单》等材料。

四、 分析能源实物量与消耗量存在差距的原因

应分析食品产品生产的原始能源实物量综合能耗与实际消耗的能源综合能耗，存在差距的主要原因。加热蒸汽潜热与单元操作消耗热焓的衡算中，二次蒸汽排出的热焓是要重点核算的。

第四节　食品工业生产节能节汽衡算与计算

从食品生产工艺（图 1 - 1 至图 1 - 79）可知，大部分食品生产能耗（水、电力、

蒸汽）点测试值多，故应遵循物料衡算原则，根据有关标准与规范，在掌握企业生产各种产品产量基础上，熟悉生产工艺和能耗点，根据水表、电表、蒸汽表实测，及采用估算、计算方法科学地确定各种食品产品生产能耗。

能耗衡算的依据是能量守恒定律，应包括与单元操作有关的各种不同形式的能，如：热能、机械能、电能，落实到食品工业，即为水、电力、热量。应指出的是，食品工业的能耗主要是热能，因此，能量衡算主要是热量衡算，即 $Q_1 = Q_2 + Q_{\text{II}}$，式中，$Q_1$ 与 Q_2 分别代表热量的输入量与输出量，Q_{II} 为损失的热量。

一、 食品生产蒸汽衡算的重要性

多年来，绝大部分食品生产企业节能，只关注取水、电力、废水的衡算，尚未关注蒸汽潜热的衡算，即不清楚食品生产的加热蒸汽潜热的消耗分布和二次蒸汽热焓如何回收利用。

实际上，加热、蒸馏、蒸发、浓缩、结晶、干燥、蒸汽灭菌工艺都将耗能，都应列入加热蒸汽潜热衡算范围。食品生产只要有这些单元操作，则加热蒸汽潜热的消耗折成标准煤后，将占整个产品总的生产综合能耗的九成，甚至九成以上。例如，啤酒清洁生产一、二、三级标准显示，生产 1kL 啤酒的汽耗（折成标准煤）分别占其总的实物综合能耗的九成以上；白酒清洁生产一、二、三级标准显示，生产 1kL 清香型、浓香型、酱香型白酒的汽耗（折成标准煤）分别占其总的实物综合能耗的九成以上；酒精清洁生产一、二、三级标准显示，生产 1kL 谷类、薯类、糖蜜酒精的汽耗（折成标准煤）分别占其总的实物综合能耗的九成以上；《味精与柠檬酸清洁生产指标体系》显示，生产 1t 味精、柠檬酸的汽耗（折成标准煤）分别占其总的实物综合能耗的九成以上；《井矿制盐行业节能减排先进适用技术指南》显示，生产 1t 井矿盐的汽耗（折成标准煤）占其总的实物综合能耗的九成以上。

可见，生产工艺耗能点要关注耗能大的地方，特别是与加热有关的工艺与设备，各种食品生产只要有与加热有关的单元操作，就会有二次蒸汽，因此回收利用二次蒸汽热焓是降低生产能耗的重要措施。如，粮薯酒精和发酵产品的配料、液化、糖化工艺，均需在 60~100℃进行，饮料生产的溶糖工艺需在 60℃进行，这些工艺均将产生一定量的二次蒸汽热焓排入空气；浓缩工艺蒸发 1kg 料液水分所消耗的加热蒸汽潜热，不同效数蒸发器所消耗的热量有很大的不同，单、双、三、四、五效蒸发设备分别需 1.1、0.6、0.4、0.3、0.25kg 蒸汽，可见，多一效蒸发器，同比少一效其生产每吨浓缩液汽耗最多可差一倍，最少也相差二成。同时，多效蒸发器最后一效蒸发器排出的二次蒸汽，其热焓量仍是大的；结晶操作的浓缩工艺，目前有采用单效蒸发与结晶器，二次蒸汽热焓大都排入环境；干燥机消耗的汽耗同比加热操作大得多，主要是不同类型与构造的干燥机，每干燥 1kg 食品物料水分将耗用蒸汽 1.5 ~ 3.5kg 蒸汽。

二、 加热蒸汽潜热和二次蒸汽热焓的衡算

1. 加热蒸汽潜热与消耗量的衡算

食品生产的加热蒸汽潜热与各单元操作消耗热焓的衡算，主要分成两大部分。一部分是加热蒸汽潜热与料液的加热、蒸发、蒸馏、结晶、灭菌单元操作所耗用的热焓的衡算，此部分单元操作的衡算是建立在加热蒸发 1kg 料液尚需 1kg 左右蒸汽的基础上；另一部分是加热蒸汽潜热与物料的干燥单元操作耗用的热焓的衡算，干燥单元操作的衡算是建立在加热蒸发 1kg 物料水尚需 1.5 ~ 3.5kg 蒸汽的基础上。现分别介绍如下。

（1）加热蒸汽潜热与料液耗用热焓的衡算　加热蒸汽潜热与料液耗用热焓（包括显热与汽化热）的单元操作（加热、蒸发、蒸馏、浓缩、结晶、灭菌）的衡算，应符合下述公式：

加热蒸汽潜热(加热蒸汽消耗量与单位体积加热蒸汽低位发热量乘积) = 每个单元操作的一定体积料液提高温度所需热焓(料液体积与高低温度热焓之差的乘积)之和 + 每个单元操作的一定体积料液产生的二次蒸汽热焓(被蒸发的料液体积与二次蒸汽热焓乘积)之和 + 加热与蒸发一定体积料液的各种热损失(加热蒸汽潜热扣去料液提高温度所需热焓与蒸发料液的汽化热) + 加热(二次)蒸汽冷凝水热焓(冷凝水体积与提高温度热焓的乘积)

根据已知条件即可计算加热操作的有关参数，如，消耗的加热蒸汽量、料液提高温度所需热焓（显热）、全部或部分料液蒸发成二次蒸汽的热焓、损失的热焓（导热传热给热系数和热量的输送损失）、加热（二次）蒸汽冷凝水热焓等。应强调指出的是，部分加热单元操作尽管在 100℃ 以下，甚至很低，但是总有部分料液经蒸发成为二次蒸汽，这部分料液可以通过测定体积，从而能确定该单元操作排放环境的汽化量及计算二次蒸汽热焓。单元操作所需热焓应为全部料液热焓量（显热）加上蒸发部分或全部料液的二次蒸汽热焓，以及再加上热量损失。

从表 2 - 1 可知，单位体积料液的汽化热远大于料液的热焓，因此，有时这部分被蒸发料液的体积尽管不大，但是产生的二次蒸汽热焓还是会比较大，这从二次蒸汽热焓占比加热蒸汽潜热可以看出，节能评估应予以估算，并应给出回收利用工艺作为生产

参考。

（2）加热蒸汽潜热与干燥单元操作耗用热焓的衡算　加热蒸汽潜热与干燥耗用热焓的衡算，由于干燥物料含有结合水与非结合水，以及干燥物料时需将一定体积的空气水分蒸发并加热成热空气，因此，衡算应符合下述公式：

加热蒸汽潜热（加热蒸汽消耗量与单位体积加热蒸汽低位发热量乘积）＝ 干燥一定重量物料到某温度所需热焓（干燥空气的水分、物料、结合与非结合水的高低温度热焓之差相加，需求得干燥物料的空气的水分、结合水比热容）＋ 干燥物料水分的二次蒸汽热焓（干燥空气的水分、结合及非结合水分别与二次蒸汽热焓乘积相加，需求得干燥物料的空气的绝对水分、结合水产生的二次蒸汽热焓）＋ 干燥一定重量物料水分的热损失（加热蒸汽潜热扣去物料干燥所需热焓，及扣去干燥空气水分、结合与非结合水的二次蒸汽热焓）＋ 加热（二次）蒸汽冷凝水热焓（冷凝水体积与提高温度热焓的乘积）

从衡算公式可知，干燥物料从室温到干燥温度所需热焓，可按物料、结合与非结合水、干燥空气的水分的比热容分别计算后相加，物料比热容单位为 kJ／（kg 绝干物料·℃）；物料干燥产生的二次蒸汽的热焓占加热蒸汽潜热的比例，可用干燥耗用空气的水分和物料的水分蒸发成二次蒸汽的热焓之和，与加热蒸汽潜热之比。物料（包括水分）的热焓和相应的二次蒸汽热焓相加，可得到干燥物料所需的显热与汽化热占加热蒸汽潜热的比例。应指出的是干燥物料的部分加热蒸汽潜热，是消耗在干燥物料时去除加热空气水分所需的热焓，及提高结合水分子动能和克服结合水间引力除去结合水分子。这也解释了干燥工艺加热蒸发 1kg 水尚需 1.5～3.5kg 蒸汽，而常规加热单元操作只需 1kg 蒸汽的原因。

2. 食品生产料液热焓的回收利用率

各种食品发酵生产的液化糖化发酵工艺、饮料生产的溶糖工艺、罐头生产的烫煮工艺、酒精生产的发酵成熟醪蒸馏酒精工艺、白酒生产的酒醅蒸馏白酒工艺、啤酒生产的麦汁煮沸工艺等，均有加热与冷却操作，即加热蒸汽按工艺要求，将一定体积料液加热到高热焓（较高温度）状态，再用冷却水（或需要提高温度的料液）通过热交换器将料液冷却到低热焓（较低温度）状态，被交换的提高温度的冷却水可用于工艺需要的地方。

按料液与冷却水热焓衡算，即可计算出料液的热量回收利用率。根据饱和水蒸气表（表 2－1）可查得料液高低温度状态液体热焓值之差，乘以料液重量，即是可以回收的热量，而一定重量冷却水（或需要升高温度的料液）提高的热焓值即是已回收的热量，已回收的热量与可以回收的热量之比，就是料液热焓的回收利用率，由于热交换设备给热系数的影响，实际的回收利用效率低些。提高温度的冷却水可用于生产工艺的拌料与洗涤，及进行梯度利用。

图2-1、图2-2、图2-3分别为列管式热交换器、方形翅片翅管式热交换器、U形管热交换器，这些热交换器均有冷却水进出口。它们可根据要求将需要冷却的高热焓料液与冷却水进行热交换，通过测定热交换器冷却水进出口温度与流量，就可求得提高了一定温度的冷却水与体积流量，再查阅饱和水蒸气表，就可得到已回收的料液热焓。

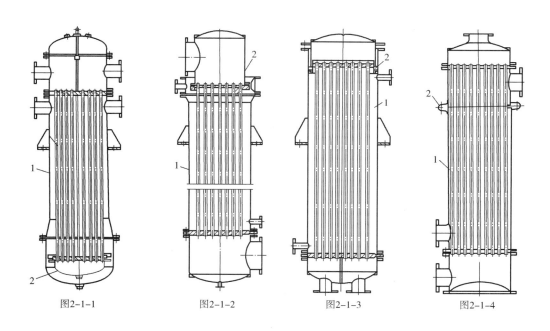

图2-1-1　　　　　　图2-1-2　　　　　　图2-1-3　　　　　　图2-1-4

图2-1　各种列管式热交换器

注：图2-1中四种型式热交换器均属列管式热交换器范畴，随浮头、补偿垫（圈）位置不同可分为下述四种：

图2-1-1为浮头在器内的热交换器（图中，图号1、2分别为外壳、浮头）；

图2-1-2为浮头在器外的热交换器（图中，图号1、2分别为外壳、浮头）；

图2-1-3为垫塞补偿的热交换器（图中，图号1、2分别为外壳、垫塞）；

图2-1-4为有补偿圈补偿的热交换器（图中，图号1、2分别为外壳、补偿圈）

至于说到有部分生产企业将提高温度的冷却水，直接进冷却池、冷却塔冷却处理后再作为冷却水用，则也可以根据提高温度的冷却水所吸收的热焓，计算热量的回收率。

3. 加热蒸汽潜热与二次蒸汽热焓的衡算

（1）二次蒸汽热焓　从饱和水蒸气表（表2-1）可以得出：①加热蒸汽潜热加热

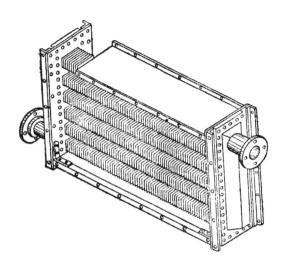

图 2 - 2　方形翅片翅管式热交换器

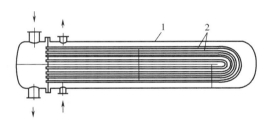

图 2 - 3　U 形管热交换器

1—外壳　2—U 形管

料液应由两部分组成，一部分是料液（液体）的热焓（显热），另一部分是蒸发料液的汽化热（二次蒸汽热焓）；②在不同的压力条件下，水处于沸点（100℃）或大于沸点时，有汽化热值，其只是说明到该温度水可以很快地完全汽化，但并不说明 100℃以下水不汽化，水在 0~100℃范围，只要在负压条件下，也可沸腾并有汽化热值（2490~2258kJ/kg），如无负压条件，只是汽化速度较慢，且一定时间内汽化量小些，但仍有汽化热（2490~2258kJ/kg）；③常压下，料液（液体）的热焓（显热）大大低于料液的汽化热（潜热），说明料液汽化（100℃以上）所需潜热高于加热（100℃以下）潜热，同时随着加热操作接近沸腾温度，汽化程度增加，加热所需潜热也增加。

（2）二次蒸汽热焓的计算　食品生产的加热、蒸发、蒸馏、浓缩、结晶、干燥、灭菌工艺二次蒸汽热焓可用该工艺料液蒸发量、压力，查饱和水蒸气表（表 2 - 1）计算求得。回收的热量应区分显热（水的热焓）与潜热（汽化热），经济效益应视回收的是料液热焓还是二次蒸汽的热焓。

由于绝大部分食品生产企业采用1.0MPa加热蒸汽，可按中石化材料提供0.8～1.2MPa低位发热量热换算系数为3182kJ/kg，加热蒸汽将料液通过加热、蒸发、蒸馏、浓缩、结晶、干燥、灭菌等单元操作后，如果部分或全部变成二次蒸汽（2100～2400kJ/kg），则有相当部分潜热进入了二次蒸汽，因此二次蒸汽热焓回收利用率与经济效益应是节能的重点，它反映了食品生产节约能耗、水耗的潜力。

上述与加热有关的单元操作，大部分是耗用加热蒸汽的，锅炉生产每吨加热蒸汽需耗用1.5t水，其中包括锅炉耗用软化水的水处理、生产蒸汽、烟气处理、损耗，同时，还要耗电输送。可见，回收利用二次蒸汽热焓，减少加热蒸汽用量，还能节约水耗、电耗。

现举例说明食品生产主要加热单元操作，产生的二次蒸汽热焓的估算：

（1）加热单元操作　各种发酵生产的液化操作，即中温蒸煮工艺需将配制的料液从60℃加热到95℃，并在95℃液化一段时间，如以1kg料液为基础（设在95℃有0.15kg水分蒸发量），计算二次蒸汽热焓。计算可查阅饱和水蒸气表（表2－1），1kg二次蒸汽热焓（95℃）应为2271kJ，因此，1kg料液水分蒸发量的二次蒸汽热焓应为0.15kg与2271kJ/kg的乘积，即341kJ，可见，料液的0.15kg水分蒸发，所产生的二次蒸汽热焓可大于将料液从60℃加热到95℃的显热（146.5kJ/kg）。

饮料生产的溶糖操作（80℃）、罐头生产的烫煮操作（100℃）、酒精生产的发酵成熟醪蒸馏酒精（105℃）、白酒生产的蒸料和酒醅蒸酒操作（均为100℃）、啤酒生产的麦汁煮沸操作（90℃）、发酵生产的糖化操作（60℃）与灭菌操作（100℃）等都可以按照上述原理，即根据操作温度，在测得水分蒸发量（率）基础上，计算有关加热操作产生的二次蒸汽热焓。应指出的是，有些加热操作（如发酵生产的糖化操作）在较低温度下进行，此时水分蒸发量较小，因此产生的二次蒸汽热焓也小，但并不是没有。有没有回收利用可能，尚需进行计算后酌定。

（2）蒸汽浓缩单元操作　图2－4是单效强制循环蒸发器，其顶部排出未经任何利用的二次蒸汽，假如1kg料液加热（100℃）浓缩到0.4kg，则有0.6kg水分蒸发，可产生二次蒸汽热焓应为1355kJ，即0.6kg与2258kJ/kg（表2－1显示100℃的二次蒸汽热焓）乘积。料液如采用多效蒸发器的浓缩操作，则前几效多效蒸发操作产生的二次蒸汽，可作为以后各效加热蒸汽继续使用，最后一效产生的二次蒸汽尽管压力较低（负

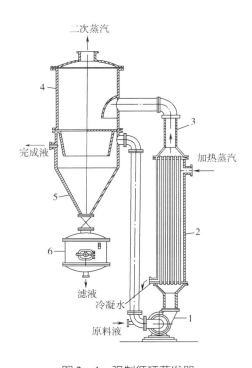

二次蒸汽

完成液

加热蒸汽

滤液

冷凝水

原料液

图 2 - 4　强制循环蒸发器

1—循环泵　2—加热室　3—导管　4—分离器　5—圆锥形底　6—过滤器

压），但仍可回收利用。假如以 1kg 浓缩料液进入最后一效（四效）为计算基础，二次蒸汽温度 55℃（0.016MPa），求其热焓量（该温度有 0.6kg 水分蒸发），计算可查饱和水蒸气表（表 2 - 1），二次蒸汽热焓应为 0.6kg × 2369kJ/kg（表 2 - 1 显示 55℃ 时二次蒸汽热焓）的乘积，可见，浓缩工艺最后一效蒸发器的 0.6kg 水分蒸发，将产生 1422kJ 热焓。

玉米酒精糟滤液浓缩、玉米浸泡水浓缩、制糖（包括淀粉糖）生产的糖液浓缩、味精生产的发酵液与发酵废母液浓缩、柠檬酸生产的发酵脱色液浓缩、酵母生产的发酵废母液浓缩、果汁浓缩、牛乳液浓缩等，都可以按照上述原理，根据末效蒸发器蒸发温度，在测得末效蒸发器蒸发水量基础上，计算二次蒸汽热焓。

（3）结晶单元操作　图 2 - 5 是连续操作循环敞开式结晶器，结晶操作产生的大量二次蒸汽直排大气。根据结晶原理，食品生产的母液和发酵母液经多效蒸发器或结晶器加热浓缩成热饱和溶液，再进入结晶冷却操作形成过饱和获得结晶，最后经分离结晶并干燥生产产品。浓缩工艺和结晶冷却操作都将产生大量二次蒸汽。以 1kg 母液在结晶器浓缩到 0.5kg 过饱和溶液为例，二次蒸汽温度 100℃，计算其二次蒸汽热焓（该温度有

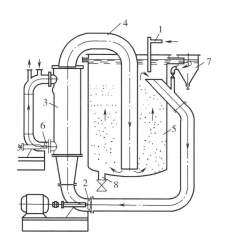

图 2 - 5　连续循环式结晶器

1—结晶溶液　2—循环泵　3—冷却器　4—管道　5—结晶器

6—冷却水循环泵　7—分离器　8—晶体排出口

0.5kg 水蒸发），二次蒸汽热焓应为 0.5kg 与 2258kJ/kg（表 2 - 1 显示 100℃时二次蒸汽热焓）的乘积，可见，0.5kg 水分蒸发，将产生 1129kJ 热焓。另外，还可根据结晶冷却温度及热焓，以及冷却水冷却母液的蒸发体积，计算冷却工艺产生的二次蒸汽热焓。将浓缩与冷却工艺两部分二次蒸汽热焓之和，即为浓缩工艺和结晶冷却操作产生二次蒸汽汽化热。

　　味精、柠檬酸、制糖生产的产品结晶工艺，母液与发酵母液都可按照上述原理计算二次蒸汽热焓。

　　（4）蒸汽干燥单元操作　食品生产不少产品最后需采用干燥操作（可采用不同温度）进行干燥产品，干燥装置有厢式（盘式）、滚筒、转筒、气流、沸腾床、喷雾、带式等干燥器。为保证食品安全，食品工业干燥物料均为间接加热操作，加热蒸汽首先加热提高干燥器空气（包括水分）的热焓，并将水分蒸发成二次蒸汽，接着再用热空气介质干燥物料。

　　根据食品物料水分干燥难易，其可以分为结合水分和非结合水分，物料中结合水分是以较强的化学力结合，其蒸汽压低于同温度下纯水的饱和蒸汽压，较难除去；非结合水分（表面水）的汽化与水的加热蒸发相同，即 1kg 物料的非结合水耗用 1kg 加热蒸汽即可蒸发除去。根据加热空气水分量、物料与水结合特性、加热表面积、传热效率、二次蒸汽温度，每干燥 1kg 物料水分需 1.5 ~ 3.5kg 加热蒸汽，因此按照物料含水分量，以及干燥装置型式可以估算干燥物料（干基）所需的加热蒸汽量及产生的二次蒸汽热焓。

由于干燥物料水分较难求得涉及的热空气绝对水分量，及其结合水与非结合水的比例，同时也较难求得结合水的比热容，及结合水产生的二次蒸汽热焓，因此干燥物料水分产生的热焓，及产生的二次蒸汽热焓，一般情况下只能以非结合水为基础估算，作为参考。举例来说，假如1kg待干燥产品（含水分0.4kg），需0.8kg的加热蒸汽，空气在预热器被加热到110℃后进入干燥器，离开干燥器时的温度90℃，产品允许含水分0.01kg，计算干燥产生的蒸汽热焓。查饱和水蒸气表（表2-1）得90℃的二次蒸汽热焓为2283kJ/kg（非结合水），因此，假定干燥的物料全是非结合水，也不考虑加热空气水分产生的二次蒸汽热焓，则物料非结合水产生的二次蒸汽热焓应为0.39kg与2283kJ/kg的乘积，即干燥1kg产品的0.39kg非结合水分，将至少产生890kJ热焓。实际上，干燥物料所需热焓除非结合水外，还有结合水和热空气水量的二次蒸汽，因此，以非结合水分为依据计算的二次蒸汽热焓是偏低的。当然，如能通过实测和衡算，求得结合水和空气水分产生二次蒸汽的热焓，则求得的热焓就较为可靠。

味精、柠檬酸、酵母、淀粉（糖）、乳粉、肉类加工、制糖、水产品、固体饮料、制盐、脱水果蔬、焙烤食品糖、米面制品、食品添加剂、饲料、综合利用产品的干燥，可按上述原理计算物料中非结合水产生的二次蒸汽热焓，该热焓仅可作为回收利用热量的参考。

（5）蒸汽灭菌单元操作　发酵生产需将有关设备与容器和培养液进行蒸汽灭菌操作，以确保发酵工艺无杂菌感染，同时，为保障生产的食品产品安全可靠并有一定的保质期，大部分食品也需有杀菌工艺。

按食品生产的不同要求，灭菌有多种工艺与设备，如发酵培养液的灭菌基本上可分为"实消"和"连消（连续灭菌）"，以及"空罐灭菌"；食品生产的灭菌一般采用各种杀菌设备。连续灭菌是一定压力的蒸汽进入连消塔，采用汽液喷射器与发酵液进入灭菌工艺若干时间，再冷却，并在某设备（维持罐）的排汽口释放出大量二次蒸汽。蒸汽灭菌产生的二次蒸汽，其热焓估算可在测得发酵培养液或水有多少体积蒸发的基础上，根据二次蒸汽温度查饱和水蒸气表（表2-1）找出每千克二次蒸汽的热焓，再经计算即可得到被蒸发的发酵培养液或水体积产生的二次蒸汽热焓量。

发酵生产的空罐蒸汽灭菌产生的二次蒸汽热焓，可根据加热蒸汽消耗量、加热蒸汽冷凝液量、罐壁材料的吸收热量、热量损耗等要素进行计算而得到。

第五节 食品工业的能耗定额

目前国家有关部门发布的食品行业生产每吨产品能耗的定额、限额、标准，基本上考虑了节水与节电，但是尚未考虑节汽，特别是将回收的二次蒸汽热焓继续用于生产，因此，每吨产品能耗的定额、限额、标准总体是偏宽。实际上，食品生产只要有加热、蒸发（包括多效蒸发）、结晶、干燥、灭菌等单元操作，回收二次蒸汽热焓就有基础，生产能耗就有可能较大幅度降低。

为进一步规范食品行业能耗，并覆盖大部分行业，力求指标具有先进性、可操作性，拟定了农副食品加工业能耗定额（表2-2）、食品制造业能耗定额（表2-3）、酒、饮料和精制茶制造业能耗定额（表2-4）供参考，三个定额的标煤消耗是在回收利用一定量的二次蒸汽基础上制定的，由于采用再压缩技术回收二次蒸汽热焓要消耗一些电力，因此，电耗会比原生产工艺稍高些，但总体节能量仍是较大。另外，对如何正确使用能耗定额作了一些说明。

表2-2　　　　　　　　　　　农副食品加工业能耗定额

行业	产品	原料与工艺	标煤 /(kgce/t)	电耗 /(kW·h/t)	取水 /(m³/t)
淀粉	玉米淀粉	玉米，湿法，浸泡、碎解、洗涤、干燥	200	250	5
	木薯淀粉	木薯，湿法，磨碎、洗涤、干燥	200	280	10
	马铃薯淀粉	马铃薯，湿法，洗涤、锉磨、干燥	220	280	10
淀粉糖	糖浆、果糖等	玉米淀粉乳，糖化、浓缩（结晶）、粉剂（干燥）与液体（糖浆）	200（粉剂）150（液体）	100	8
制糖	白砂糖、绵白糖	甘蔗，亚硫酸与碳酸法，榨汁、澄清、浓缩、结晶、干燥	250	280	10
		甜菜，碳酸法，渗出、澄清、浓缩、结晶、干燥	250	250	15
		原糖，溶糖、澄清、浓缩、结晶、干燥	200	150	3
肉类加工	鲜猪肉与冻羊肉	猪，屠宰、清洗、分割	75	110	7
	肉制品及副产品加工	羊，屠宰、清洗、分割	90	120	6
		冻肉，切块、卤制酱卤制品	120	80	15

续表

行业	产品	原料与工艺	标煤/(kgce/t)	电耗/(kW·h/t)	取水/(m³/t)
水产品加工	水产品冷冻加工	冻海鱼，分拣、清洗、处理、冷冻	70	50	8
	干腌制加工	冻鱿鱼，烘制	255	120	30
	水产饲料生产	杂鱼，蒸煮、干燥、粉碎（鱼粉）	400	150	5
	鱼油生产	鱼、鱼肝，压榨、分离、物理提取、精制	150	150	5
	其他水产保健品（液）生产	水产品，蒸煮、酶解、滤液、浓缩	300~400	500	20~50
饲料加工	配合饲料、浓缩饲料、预混合饲料	玉米、豆粕等，混合、计量、分装	30	20	0.2
食用植物油加工	大豆精制油	大豆，轧胚、浸出（压榨）、毛油（回收溶剂，压榨不回收）、精炼	200	180	3
	菜籽油	菜籽，预榨、毛油、精炼	180	200	3

表 2-3   食品制造业能耗定额

行业	产品	原料与工艺	标煤/(kgce/t)	电力/(kW·h/t)	取水/(m³/t)
味精	味精	玉米，浸泡；淀粉乳，发酵、浓缩等电提取、精制、干燥	600	1000	40
柠檬酸	柠檬酸	玉米，浸泡；淀粉乳，发酵、分离、提取、浓缩（MVR）、干燥	200	750	25
液体乳及乳制品	液体乳	牛乳，净化、均化、杀菌	40	80	5
	酸乳	牛乳，杀菌、发酵	100	80	8
	乳粉	牛乳，净化、浓缩、干燥	350	200	20
	全脂乳粉	牛乳，净化、分离、浓缩、干燥	300	200	20
罐头	肉、禽类罐头	猪肉、羊肉，切制、腌制、预煮、油炸、罐装、杀菌、封口	150	105	15
	水产品罐头	鱼肉，预处理、罐装、杀菌、封口	150	120	15

续表

行业	产品	原料与工艺	标煤 /(kgce/t)	电力 /(kW·h/t)	取水 /(m³/t)
罐头	蔬菜、水果罐头	橘子、桃、蘑菇，预处理、罐装、杀菌、封口	200	140	10
盐业	食盐	井矿盐，开采、卤水、提取、浓缩、结晶、干燥	150（井）50（湖、海）	100	10（矿）1.5（湖、海）
		湖盐、海盐，洗涤、干燥			
酵母	酵母	糖蜜，稀释、发酵、分离、洗涤、酵母干燥	700	2500	40
酶制剂	淀粉酶糖化酶、蛋白酶等	豆粕、淀粉渣、麸皮，配制发酵液或固体培养基、发酵、提取活性成分、浓缩或干燥	250（液体）300（固体）	400	20
食品及饲料添加剂	着色剂、甜味剂、防腐剂、增稠剂、稳定剂、乳化剂、饲料酵母等	各种农副产品及废弃物，经原料处理、提取、发酵或合成、活性组分精制、浓缩、干燥等	例：黄原胶 600 例：红曲米 400 例：木糖醇 800	50~600	10~50
焙烤食品糖	糕点面包制造	小麦粉，制作糕点与面包（发酵）、烘焙	180	100	3
	饼干及焙烤食品	小麦粉，制作饼干与食品、烘焙	180	100	1.5
	糖果巧克力制造	白砂糖，制作硬糖、巧克力、糖芯、挂糖衣	140	80	3
	蜜饯制造	水果、白砂糖，糖渍、烤制、烘干	150	90	2.5
	米面制品制造	大米、小麦粉，磨浆、压制	100	30	4
	速冻食品制造	小麦粉，馅料、包馅、冷冻	100	70	3
	方便面	小麦粉，制面条成型、蒸制、油炸	300	800	2
调味品	酱油	大豆、小麦，发酵	35（按标准配制酱油低四成）	10	4
	食醋	碎米、高粱，发酵	40（按标准配制食醋低四成）	50	8

表 2 - 4　　　　　　　　　　　酒、饮料和精制茶制造业能耗定额

行业	产品	原料与工艺	标煤 /(kgce/t)	电力 /(kW·h/t)	取水 /(m³/t)
酒精	玉米酒精	玉米，粉碎、液化、糖化、发酵、蒸馏	300	400	25
	薯类酒精	薯类，粉碎、液化、糖化、发酵、蒸馏	300	400	25
	糖蜜酒精	糖蜜，稀释、发酵、蒸馏	250	100	20
啤酒	啤酒	麦芽、大米或玉米，粉碎、配制醪、糊化、糖化、煮沸、发酵、灌装	50	100	5
	麦芽	麦芽、水，浸泡、干燥	200	60	6
白酒		原酒，兑制，产品	80	20	6
		高粱等，粉碎、蒸煮、清香型固态发酵、蒸馏、兑制	300	80	20
		高粱等，粉碎、蒸煮数次、浓香型固态发酵、蒸馏、兑制	500	120	25
		高粱等，粉碎、蒸煮数次、酱香型固态发酵、蒸馏、兑制	700	120	25
黄酒		糯米、大米机械化生产，浸泡、蒸煮、发酵、煎酒	130	45	4
		糯米、大米手工生产，浸泡、蒸煮、发酵、煎酒	160	55	6
葡萄酒	红葡萄酒	红葡萄，榨汁、液态发酵	20	140	3
	白葡萄酒	白葡萄，榨汁、液态发酵	20	140	3
	葡萄酒	葡萄酒原酒，兑制、产品酒	10	60	2
饮料	碳酸饮料	可乐主剂、茶主剂，碳酸化、调配、灌装	10	30	1.2
	果蔬汁及果蔬汁饮料	苹果，榨汁、调配、灌装	30	60	12
		果汁，浓缩、浓缩果汁	250	200	8
		鲜橙，制橙浆、调配、灌装	70	80	8
		橙汁、番茄汁等饮料，果汁、调配、灌装	50	30	10
	含乳饮料和植物蛋白饮料	鲜奶、奶，调配、饮料	50	100	6
		鲜奶，乳酸菌发酵、饮料	80	100	12
		脱苦去毒杏仁，研磨、调配、杏仁露饮料	70	10	4
		椰子，磨浆	50	100	4
	固体饮料	茶叶等，提取、浓缩、干燥	250	90	12
	茶饮料及其他饮料	茶粉，调配、饮料	30	50	2
		茶叶，提取、调配、饮料	80	100	5

使用食品行业能耗定额应注意的地方：

（1）食品各行业的定义可参照有关国家、行业标准，如无标准，可按行业规定。由定义确定生产产品的能耗范围。

（2）为便于生产企业衡算和比较，表中每种食品的生产能耗只是主要产品的。主要产品生产能耗与企业生产总能耗要予以区别，目前，发布的行业清洁生产标准、清洁生产评价指标体系、取水定额、能耗等，都是生产某一种产品的，不包括综合利用与废水处理，特别是每种食品可以生产不同的综合利用产品，生产能耗有较大差别。

（3）白酒、葡萄酒生产企业，有只生产白酒、葡萄酒原酒的企业；有只购置原酒兑制生产白酒、葡萄酒的企业；有既生产部分原酒，又购买部分原酒的企业。生产白酒、葡萄酒的企业，应在清楚生产原酒、白酒、葡萄酒产量基础上，再核算与计算单位产品生产能耗。

（4）饮料生产企业有从市场购置或部分购置浓缩汁、原浆调配生产各种饮料的，应在清楚浓缩汁、原浆生产量与购置量基础上，核算与计算单位产品生产能耗。

（5）制糖生产企业有从市场购置原糖，进行精炼生产食糖，相比甘蔗、甜菜原料糖厂，原糖原料的糖厂的生产能耗低些，应在清楚原糖购置量基础上，核算与计算单位产品生产能耗。

（6）发酵产品（酒精、味精、柠檬酸、淀粉糖、酶制剂等）生产，可用玉米原料生产淀粉乳，再发酵生产各种产品；也可购买玉米淀粉发酵生产产品，这些行业生产能耗应包括从玉米原料到生产各种产品的全过程，而购买玉米淀粉发酵生产产品的生产能耗应低些。

（7）水产品加工行业产品品种多，需注意生产 1t 产品能耗的差别。如，水产品冷冻加工业除冻鱼片外，尚有冻整鱼、冷冻虾、冷冻蟹、冻扇贝、冻墨鱼、冻鱿鱼等；干腌制加工除鱿鱼外，尚包括干制整鱼、干制鱼片、干制扇贝、干制墨鱼、干制章鱼、干制海参等。

（8）食品添加剂按功能分为 23 个类别，有 2400 个品种（加工助剂 158 种、食品香料 1853 种、胶姆糖基础剂物质 55 种、其他类别食品添加剂 334 种），工艺差别较大（有发酵、合成、浸提、离子交换、萃取、混合等），单元操作多，生产 1t 产品能耗差别大。应根据产品与生产工艺，实测、估算、计算确定单位产品生产能耗。

（9）取水量、外购水量以企业一级计量表计算，企业有数种产品，取水点又多，要确定每种产品取水量，应遵循物料衡算和水平衡原则。即在熟悉某个产品生产工艺流程和取水点基础上，根据水表实测，估算、计算确定取水量，关注取水量大的工艺与设备。如，离子交换树脂的处理水，多效蒸发、结晶工艺两次蒸汽冷凝水和冷却水，带式过滤机耗用的冲洗水，板框压滤机滤布洗涤水，发酵工艺各工段的冷却水；同时，也要关注用反渗透设备生产的再生水水量，以及浓水水量与去处。无关产品的取水量绝对不要计入，锅炉等公用工程用水量要分摊入每吨产品取水量。

（10）食品行业尚有几千种产品，不可能制定几千个能耗定额，同时有些产品尽管有能耗定额但有种种使用条件。因此，可在熟悉每种产品生产工艺和能耗点基础上，科学地分析每个单元操作的能耗，了解能源消费量、能源消费结构、能源利用效率、能源的运输与储存和加工与转换的损失率、加热蒸汽损失率、废弃能源回收率，从而判别该产品能耗定额是否先进，及其节能潜力。

第六节　食品工业节能潜力

一、食品工业节能概况

从《农副食品加工业能耗定额》（表 2 – 2）、《食品制造业能耗定额》（表 2 – 3）、《酒、饮料和精制茶制造业能耗定额》（表 2 – 4）可以看出，食品加工如果没有与加热有关的单元操作，则生产耗能是较低的，如，猪羊肉的屠宰与分割、水产品冷冻加工、各种饲料生产、配制饮料与茶饮料，但只要有加热、灭菌、蒸发（浓缩）、结晶、干燥等单元操作，生产 1t 产品的综合能耗就会超过 100kgce，同时综合能耗的八、九成是来自各种加热蒸汽的消耗，且八、九成蒸汽消耗的相当部分是可以回收利用的二次蒸汽热焓。可见，食品生产节能重点是节约蒸汽。

目前，食品工业生产企业的节能概况如下。

（1）大部分食品企业认为生产节能主要是节水，因此正在大力降低生产单位产品取水量。如，加热蒸汽所产生的冷凝水返回锅炉用水，采取节水的生产工艺和洗涤工艺，大力回收冷却水等。

（2）将大部分用电设备采用变频装置。

（3）与加热有关的单元操作所产生的二次蒸汽热焓回收利用率很低，绝大部分企业将加热、蒸发、结晶、干燥、灭菌等单元操作产生的二次蒸汽直接排放环境，具有这些单元操作的车间温度提高了好多度就说明热量的损失。

以多效蒸发器浓缩操作为例：①不少企业采用多效蒸发操作，将最后一效蒸发器的二次蒸汽进行再压缩回收利用热焓的不到数十家；②部分企业将需要提高热焓的物料与二次蒸汽进行热交换，以提高物料的温度，回收了很少部分热焓；③部分企业采用冷却水与二次蒸汽进行热交换，将冷却水交换成热水也回收了很少部分热焓；④还有些企业的浓缩工艺采用单效蒸发器操作。

（4）食品生产企业已重视料液与冷却水热焓的利用，并开始重视二次蒸汽热焓的回收。小部分企业已将料液、冷却水、二次蒸汽热焓进行梯度利用，取得了较好的节能效益。

（5）目前，已有小部分食品企业建立了生产能耗的自动调控与监控装置，促进了企业的节能降耗。

目前，生产企业对如何回收利用热能缺少基本理论与操作的指导。绝大部分项目的节能可行性研究报告、节能评估报告、清洁生产审核报告很少提出二次蒸汽热焓的回收利用，有不少报告将二次蒸汽热焓作为必须损失的热量。实际上，食品企业只要有与加热有关的单元操作，都将产生大量的不同压力与温度的二次蒸汽。举例来说，2016年生产食用酒精820万t，产生二次蒸汽500万t；生产啤酒4700万t，产生二次蒸汽500万t；生产白酒1220万t，产生二次蒸汽3500万t；生产235万t黄酒，产生二次蒸汽50万t；生产葡萄酒114万t，产生二次蒸汽10万t。可见，酿酒行业年产生二次蒸汽达4560万t，并带走了大量热焓。

二、 二次蒸汽热焓占比加热蒸汽潜热的计算

加热、蒸馏、蒸发、结晶、灭菌等单元操作，按照1kg加热蒸汽能加热蒸发1kg水的原则，可计算出二次蒸汽热焓占加热蒸汽潜热的比例；干燥单元操作，根据不同干燥装置，按1.5～3.5kg加热蒸汽加热蒸发待干燥物料中1kg水的原则，也可计算出二次蒸汽热焓占加热蒸汽潜热的比例。

1. 按 《综合能耗计算通则》 计算

《GB/T 2589—2008 综合能耗计算通则》显示，加热蒸汽平均低位发热量为3763kJ/kg（经核算为5MPa压力），即蒸发1kg（20℃）水到1kg（100℃）水，水只需热焓335kJ，仅占加热蒸汽热焓的11.2%；而1kg（100°）水蒸发成1kg（80～105℃）二次蒸汽，分别需潜热2245～2307kJ，二次蒸汽热焓分别占加热蒸汽潜热的59%～61%（表2–5）。加热蒸发中还应消耗的部分加热蒸汽潜热（1170kJ/kg）是热量损耗（加热

蒸汽冷凝水带走的热量和设备管道给热传热损失于环境的热量），该部分热焓占整个加热蒸汽潜热的28.8%。

表2-5 二次蒸汽热焓占加热蒸汽潜热比例

序号	加热蒸汽		二次蒸汽		二次蒸汽热焓/加热蒸汽潜热/%
	压力/MPa	能量折算/(kJ/kg)	温度/℃	热焓/(kJ/kg)	
1	1（0.8~1.2）	3182★	80	230	72
			90	228	72
			100	2258	71
			105	2245	70
2	0.3	2747★	80	2307	83
			90	2283	83
			100	2258	82
			105	2245	81
3	低压 （《计算通则》显示无具体压力）	3763★★	80	2307	61
			105	2245	59

注：★《节能统计指标及考核指标》（中石油化工计［2007］338号）提供的加热蒸汽压力与能量折算系数。

　　★★《综合能耗计算通则》（GB/T 2589—2008）提供的低压加热蒸汽压力（无具体压力）与能量折算系数，而《节能统计指标及考核指标》提供此潜热值（3763kJ/kg）尚为5MPa蒸汽压力。

2. 按《节能统计指标及考核指标》计算

如按食品生产企业大都采用1MPa饱和蒸汽（小部分采用0.3MPa），以《节能统计指标及考核指标》（中石油化工计［2007］338号）提出，加热蒸汽（1MPa与0.3MPa饱和蒸汽）低位发热量是3182kJ/kg与2747kJ/kg计算，则蒸发1kg（20℃）水到1kg（100℃）水，水需热焓335kJ，分别占加热蒸汽的10%与12%；而1kg（100℃）水蒸发成1kg（80~105℃）二次蒸汽，其热焓2245~2307kJ，占加热蒸汽潜热的70%~72%与81%~83%（表2-5）。还消耗部分加热蒸汽潜热是热量的损耗（加热蒸汽冷凝水带走的热量和设备管道给热传热损失于环境的热量），该部分潜热分别占整个加热蒸汽的18%~20%和5%~8%。

3. 按《通则》与《指标》计算二次蒸汽热焓占比不同的原因

按《综合能耗计算通则》和《节能统计指标及考核标》的规定，计算食品生产二次蒸汽热焓占比加热蒸汽潜热的不同，主要原因是《综合能耗计算通则》披露的加热蒸汽是低压蒸汽（低位发热量 3763MJ/t），该低压蒸汽如按《节能统计指标及考核指标》规定的"平均低位发热量"换算应是 5.0MPa 加热蒸汽，该蒸汽压力对食品工业常使用 1MPa 加热蒸汽压力而言属偏高。而《节能统计指标及考核指标》明确了食品工业大多采用的 1MPa 加热蒸汽的低位发热量是 3182MJ/t。可见，两种不同压力（5MPa 与 1MPa）的低压发热量相差 563MJ/t，这是按《通则》与《指标》计算二次蒸汽热焓占比不同的主要原因。

从二次蒸汽热焓占加热蒸汽潜热比例（表 2-5）可知，0.3MPa、1MPa、5MPa 加热蒸汽同样加热蒸发 1t 水，由于压力不同，加热蒸汽潜热有八成、七成、六成进入二次蒸汽，这说明大部分加热蒸汽潜热将料液（水）汽化后成为二次蒸汽热焓。1t（1MPa）加热蒸汽加热蒸发 1t 水，二次蒸汽热焓占加热蒸汽潜比例达到七成，结果符合食品生产企业的蒸汽使用情况。同时，从表 2-5 还可看到，加热蒸汽潜热大，二次蒸汽热焓占加热蒸汽潜热比例低。

应着重指出的是，早在 20 世纪 60 年代，张洪沅、丁绪淮、顾毓珍编著的《化学工业过程及设备》教科书（中国工业出版社出版）的"蒸发"一章，就提出了使用 0.5MPa 加热蒸汽，二次蒸汽热焓约占加热蒸汽潜热的八成。

三、 食品企业应采用 1MPa 加热蒸汽估算节能量

绝大部分食品企业将生产的 1MPa 饱和蒸汽（3182kJ/kg），经降温减压装置提供 0.3~1MPa 的蒸汽，通过母管送至分汽缸，再由分汽缸向需要蒸汽的车间进行分配。因此，将 1MPa 低压蒸汽（3182kJ/kg）作为加热蒸汽潜热，计算各种加热单元操作产生的二次蒸汽热焓占加热蒸汽潜热的比例是可行的。从表 2-5 可知，此时二次蒸汽热焓与加热蒸汽潜热比值至少大于七成（表 2-5）。

另外，还可以 1MPa 低压蒸汽（3182kJ/kg）作为加热蒸汽潜热，估算干燥单元操作产生的二次蒸汽热焓占加热蒸汽潜热的比例。假如 1kg 待干燥物料（20℃），含非结合水分 0.4kg，干燥 1kg 物料水需 2kg 蒸汽，空气被加热到 110℃后进入干燥器，离开干燥器时的温度 90℃，产品允许含水分 0.01kg，即加热 1kg 待干燥物料从 20~100℃（物料比热容为 2kJ/［kg 绝干料·℃］），物料（按料水比例分别计算）尚需热焓 230kJ，

占加热蒸汽潜热的 9%；干燥物料 0.39kg 非结合水分尚需 0.78kg 加热蒸汽（潜热 2482kJ），将产生二次蒸汽热焓 890kJ（90℃的热焓为 2283kJ/kg），占加热蒸汽潜热的 35%；加热蒸汽冷凝水热焓 168kJ，占加热蒸汽的 6%；还包括五成加热蒸汽潜热，是消耗在加热空气水分的热焓与汽化热，及物料结合与非结合水热焓与汽化热的差值，克服物料结合水的化学力与物理化学力，设备管道的导热与传热损失。

四、 回收二次蒸汽热焓的经济效益

食品工业常采用的加热蒸汽压力（0.8 ~ 1.2MPa），由表 2 - 5 可见，如将料液全部加热蒸发，则蒸发 1kg（20℃）水到 1kg（100℃）水，料液热焓（335kJ），占全部加热蒸汽的 10.6%，同时，产生大量的二次蒸汽排放空气，其热焓占加热蒸汽潜热的 70% ~ 72%。

表 2 - 5 显示了一种比较理想的状态，即 1kg 料液的加热、蒸馏、蒸发浓缩、结晶、灭菌操作经沸腾全部汽化情况下，产生 1kg 二次蒸汽热焓与 1kg 加热蒸汽潜热的关系。实际上，食品生产各类料液的部分加热操作，只是部分汽化，经估算该生产的加热、蒸发、浓缩、结晶、干燥、灭菌等操作，至少有二成料液（水）产生的二次蒸汽排放大气，如按《二次蒸汽汽化热占加热蒸汽潜热比例》（表 2 - 5）显示，食品生产大多采用 1MPa 加热蒸汽，以二次蒸汽热焓平均占加热蒸汽潜热的 71% 计算，则加热蒸汽潜热有 14.1% 成为二次蒸汽热焓排放大气，如能加以回收利用，加上回收料液和加热蒸汽冷凝液的热焓，其节能量可占加热蒸汽潜热的 2.9%；筹建生产工艺参数和能耗指标在线调控与监测，其节能量可占加热蒸汽潜热的 5%；提高设备的各种热效率，其节能量可占加热蒸汽潜热的 3%，可估算出食品工业节汽的潜力，即能在原来耗能基础上至少节能 25%，其中，节能量的 56% 是来自二次蒸汽焓。可见，食品生产回收二次蒸汽热焓的重要性。

食品生产与加热有关的单元操作，应回收的料液与二次蒸汽的热焓应为以下方面：

（1）发酵生产配料、液化、糖化工艺料液和蒸料产生的二次蒸汽热焓。

（2）酒精、白酒蒸汽和酒精糟、白酒糟冷却产生的大量的二次蒸汽热焓。

（3）食品（包括发酵）生产的蒸汽加热、浓缩、结晶、干燥、灭菌及其冷却工艺产生的二次蒸汽热焓。

（4）加热蒸汽冷凝液和冷却水、料液的热焓。

五、 食品工业节汽节能潜力巨大

从图 1 – 1 至图 1 – 79 可以知道，食品工业除谷物磨制等个别行业外，都有与加热有关的单元操作，因此，产生二次蒸汽的生产工艺很多。长时间来，行业的食品生产，很少进行加热蒸汽潜热与二次蒸汽热焓的衡算，基本上都将二次蒸汽排放环境，很少有企业能利用二次蒸汽热焓。

按 2016 年食品生产可回收加热蒸汽潜热的 14.1%，以及按二次蒸汽再压缩装置处理量（5t/h）计算，食品工业需要再压缩装置应在 7000 台以上，但目前实际使用不到 70 台，实际使用台数只占应使用台数的 1%。可见，绝大部分生产企业都没有回收利用二次蒸汽，因此，发展回收二次蒸汽热焓的设备与装置的潜力巨大。

还以食品工业干燥工艺为例，说明回收利用二次蒸汽热焓的潜力。2016 年食品工业年总产量 12 亿 t，其中，味精、柠檬酸、酵母、淀粉（糖）、乳粉、肉类加工、制糖、水产品、固体饮料、制盐、脱水果蔬、焙烤食品、糖果、米面制品、食品添加剂、饲料约有 7 亿 t 含水产品，需经各种干燥工艺，生产 5.8 亿 t 经干燥的食品。按干燥设备干燥 1t 水分平均耗 2t 蒸汽计算，则将耗用加热蒸汽 2.4 亿 t 左右，而干燥工艺耗用加热蒸汽潜热的 38%（高于食品工业的平均值 14.1%），将成为二次蒸汽热焓排放大气。目前，很少有食品企业采用再压缩等技术回收利用干燥和各种加热工艺的二次蒸汽，可见，食品工业节汽节能潜力巨大。

第三章

食品工业的废水处理和减排

食品生产企业的燃煤与燃气锅炉产生的废气、厂界噪声、异味经常规治理基本能达到国家规定的标准，生产的主要污染源是高中浓度废水、固体废弃物、小部分恶臭气体。因此该工业减排拟应包括改进生产工艺提高产品收得率，将低污染水回用于生产工艺、高浓度废水和固体废弃物生产综合利用产品、综合废水处理后达标排放。

第一节　食品工业固体废弃物的减排

食品工业是以谷物、薯类、农副产品为主要原料，只是利用其中的淀粉、果肉、禽肉、糖分或其他需要的部分，其余部分（蛋白、脂肪、纤维渣、水渣、禽肉类和水产类的下脚料）尽管是废弃的但也是可以利用的。废弃物综合利用生产产品，不但能提高原料的经济效益，且能减少它的堆放，消除环境污染。更重要的是，废弃物综合利用能大大降低废水的污染负荷，给综合废水处理带来方便。20 世纪 80、90 年代，曾经将酒精糟、啤酒废酵母、味精发酵废母液、柠檬酸发酵废母液、制糖废糖蜜、玉米与大米浸泡水等各种高浓度废水混入综合废水进行处理，结果既给生化处理带来极大难度，又无经济效益。

玉米、小麦等淀粉质原料，除淀粉以外的其他部分不能被微生物发酵所利用，为了提高原料的经济与社会效益，可将玉米和小麦先分离出胚芽（可提取食用油）、蛋白、纤维和麸皮、谷朊蛋白副产品后，再用淀粉乳发酵生产酒精、味精、淀粉糖、柠檬酸、氨基酸等产品。食品工业年耗用玉米原料 5000 万 t，除生产淀粉 3250 万 t 外，可联产玉米油 150 万 t、蛋白粉 200 万 t、蛋白饲料 1400 万 t，副产品经济价值达 700 亿元。同样，大豆生产传统方式是以生产大豆制品、大豆蛋白、大豆油为主，加工形式单一，大豆资源未能得到合理的利用，如食品工业在年耗用大豆 6000 万 t（大部分进口）生产 1000 万 t 大豆油的基础上，可生产 270 万 t 大豆膳食纤维、24 万 t 浓缩磷脂、60 万 t 分离蛋白与大豆肽、0.72 万 t 大豆皂苷、0.6 万 t 大豆异黄酮、4600 万 t 饲料等产品，主副产品总价值达 5000 亿元。

食品行业废渣水，主要来自处理原料后剩下的废渣，如玉米芯、甘蔗渣、甜菜粕、大米渣、玉米浆渣、纤维渣、葡萄皮渣、水果渣、薯干渣、畜禽类下脚料、农副产品废弃物。还来自分离与提取主要产品后的废母液与废醪液，如各种酒糟、发酵产品废母液。这些废渣水含有丰富的蛋白质、氨基酸、维生素、糖类及多种微量元素，可生产饲料、饲料酵母、饲料添加剂、生化产品，还可提取与生产食品和食品添加剂。如各类酒糟和饮料的果蔬渣（果皮、果核、残余果肉）生产饲料、蛋白饲料、燃料；发酵废酵母生产饲料酵母、超鲜调味剂、核酸与核苷酸药物；白酒发酵黄水生产调味液、复合酸，甑锅底水生产乳酸，白酒糟作燃料的炉灰生产水玻璃和白炭黑；啤酒麦糟生产膳食纤维和蛋白制品；制糖滤泥与甘蔗渣生产发酵有机肥料，甘蔗渣生产碎粒板；葡萄皮渣生产葡萄籽油、果胶、白藜芦醇，柑橘皮渣生产果醋、果胶、膳食纤维、香精油、色素；酸枣核、壳分别生产酸枣仁、活性炭；低档茶与碎茶末生产茶多酚、茶多糖；畜禽加工废弃物生产畜血化工产品（猪血、牛血、血浆粉、血分离蛋白），脏器生化产品（肝素钠），食品添加剂（骨粉、香精、调料），工业产品（羽毛）；水产品加工废弃物生产天然色素、壳聚糖、氨基酸、胶原蛋白、保健食品等。另外，食品工业的酿酒、发酵行业，其发酵工艺将产生 2500 万 t 二氧化碳（温室气体），尚需回收利用。

　　"啤酒麦糟资源化开发和利用""酿酒底锅水生产乳酸和乳酸钙技术""白酒糟处理技术""农畜产品废弃物生产蛋白质技术"早已列入《2008 年国家鼓励发展的环境保护技术目录》；"白酒糟资源化利用技术""芦笋废弃物提取皂苷及多糖技术"均已列入《国家鼓励的循环经济技术、工艺和设备名录（第一批）》（国家发展改革委公告［2012］13 号）；"丢弃酒糟无害化、效益化处理技术"列入《2012 年国家鼓励发展的环境保护技术目录》；"木薯渣饲料资源化技术"列入《2013 年国家先进污染防治示范技术名录》；"二氧化碳生物转化清洁能源技术装备"列入《国家鼓励发展的重大环保技术装备目录（2011 年版）》（工业和信息化部联节［2011］54 号）；"全生物二氧化碳基降解塑料制造技术""二氧化碳捕集生产小苏打技术"均已列入《国家重点推广的低碳技术目录》（国家发展改革委公告［2014］13 号）。

　　食品行业的废弃物，可副产 400 种左右综合利用产品，总产值达 4 万亿元以上。目前食品生产企业的废弃物限于投资、技术、设备、管理、销售等原因，只是简单地用于生产饲料、燃料、肥料，小型企业将食品与发酵废渣任意堆积；较多中型企业将废渣（含有大量水）廉价出售给周围农村，直接作饲料或肥料，给贮存与运输带来了很多环境问题。大型企业也只是将废渣水分离与干燥生产各种饲料、燃料产品，较少地生产经济价值较高的生化产品与食品添加剂。

　　可见，食品行业废弃物应按生产生化药剂、食品与饲料添加剂、饲料、燃料、肥料序列进行综合利用。将食品废弃物生产各种综合利用产品，大大减少了因废弃物堆放、贮存、运输引起的环境污染，达到了减排的效果，增加了综合利用产品品种，提高了企业的经济效益。同时，食品生产原料的综合利用还能提高产品的质量与产量。

第二节　食品工业废水与大气固废的污染和减排

《环境保护综合名录》（环办政法函〔2017〕67号）中"高污染、高环境风险产品目录"，提出淀粉糖（双酶法工艺除外）、味精（浓缩等电提取工艺除外）、小品种氨基酸（发酵法工艺除外）、柠檬酸（发酵法—色谱分离工艺除外）、赖氨酸（联产98%与70%赖氨酸两产品工艺除外）、衣康酸（二次浓缩结晶工艺除外）、糖精及其盐、发酵酒精为双高产品。

双高产品的发展、申报项目、综合利用增值税优惠、调高出口退税、生产企业的授信管理都将受到很大影响。

食品行业所采用的生产工艺应符合《环境保护综合名录》提出的要求，因此，废水污染的治理也需遵循《综合名录》。

一、　食品生产的废水来源与污染负荷

食品行业主要是废水污染。高浓度废水主要是粮食原料的浸泡水；生产与加工产品产生的废果蔬浓汁液、废母液、残酒、废弃饮料，发酵液提取产品后的废醪液、发酵废母液、锅底水；中低浓度废水是原料冲洗水，中间产品洗涤水，各种罐、池、反应器、管道、容器、瓶的洗涤水，车间冲洗水，多效蒸发器与结晶器的二次蒸汽冷凝水。食品工业主要行业废水排放量与污染负荷可见表3-1。

表3-1　　　　　　　　食品主要行业废水排放量与污染负荷

行业	废水名称	排放水量 /（m³/t）	NH₃-N含量 /（mg/L）	COD /（mg/L）	总磷含量 /（mg/L）	废弃物
酒精	粮薯酒精糟	10		40000~70000	30~40	玉米酒精糟、薯类酒精糟滤渣、糖蜜酒精糟
	糖蜜酒精糟	10		80000~100000		
	精馏塔底余馏水	1~2		2000		
	玉米与糖蜜酒精综合废水（洗涤水为主）	10	25~100 （高值为糖蜜）	5000~6000		
	薯类酒精综合废水（包括酒精糟滤液）	20		20000~25000		

续表

行业	废水名称	排放水量 /(m³/t)	NH₃-N含量 /(mg/L)	COD /(mg/L)	总磷含量 /(mg/L)	废弃物
白酒	锅底蒸馏废水、黄水（高浓度废水）	2~3		15000~20000	5~50	
	设备、池、锅洗涤水	1~3		2000		
	发酵白酒综合废水	15~20	30~40	4000~6000		白酒糟
	兑制白酒综合废水	5		600~1000		
啤酒	综合废水（设备洗涤水、洗糟水、酒桶与酒瓶洗涤水）	3~4	50~80	1500~2500	6~12	麦糟、酵母泥、硅藻土、热与冷凝固蛋白
黄酒	手工生产黄酒综合废水	5	30~40	3000~4000	10~15	黄酒糟
	机械化生产黄酒综合废水	4	20~30	2000~3000		黄酒糟
葡萄酒	发酵葡萄酒综合废水	2~2.5	10~20	1300~1800	5~25	葡萄皮、梗、渣、
	葡萄酒配制综合废水	1.5	10	800		
饮料	碳酸饮料综合废水	1~2	4~30	650~2000	10（使用某些含磷洗涤剂）	水果渣、蔬菜渣
	果蔬汁综合废水	5~10（低值为调配）	5~25	500~2000（低值为调配）		
	含乳与植物饮料废水	4~8（低值为调配）	10~50	500~2000（低值为调配）		
	包装饮用水废水	3~4	10~80	70		
	茶与咖啡饮料综合废水	1.5~4（低值为调配）	5~30	500~2000（低值为调配）		
	风味饮料综合废水	4~7	5~35	800~1700		
	固体与浓缩饮料废水	6~10	10~40	800~4000		

续表

行业	废水名称	排放水量 /(m³/t)	NH₃-N 含量 /(mg/L)	COD /(mg/L)	总磷含量 /(mg/L)	废弃物
液体乳及乳制品	综合废水（设备洗涤水）	3~4	20~100	800~2000	10~30	
	乳粉	15	500	500~1500	5~15	
罐头	肉、禽、鱼类综合废水	10~12	20~30	500~2500		水果渣、水产品渣、肉皮、骨等
	蔬菜、水果类综合废水	8~10		1000~1500		
味精	发酵废母液（高浓度废水）	10	1500	80000	10~50	淀粉渣、发酵废母液菌体
	浓缩工艺冷凝液	10	200~300	1000~2000		
	综合废水（设备与工艺洗涤水、冷凝液）	20	500~900	6000~8000		
酱油与食醋	综合废水（设备、包装瓶洗涤废水）	4~6		2500	15~25	酱油废水：盐分 1%~5%
酶制剂	固体酶制剂综合废水	10~15		4000		
	液体酶制剂综合废水	15~20		4000~5000		
酵母	发酵废母液（高浓度废水）	10		80000	50~300	
	综合废水（中间产品、设备洗涤水，压榨废水等）	25	400	4000~8000	20~100	
柠檬酸	浓糖液与洗糖水（高浓度废水）	8		16000~20000	150	柠檬酸渣
	综合废水（设备、容器、管道洗涤水）	12		10000~11000		
谷物磨制	综合废水（洗涤水）	0.2		150~300		工业粉尘

续表

行业	废水名称	排放水量/（m³/t）	NH₃-N 含量/（mg/L）	COD/（mg/L）	总磷含量/（mg/L）	废弃物
饲料加工	综合废水（洗涤水）	0.1		150～300		工业粉尘
植物油加工	综合废水（工艺及设备洗涤水）	3～5		3000～5000	5～10	
制糖	废糖蜜（高浓度废水）	0.5	1000	100000	30～50	
制糖	综合废水（工艺及设备洗涤水）	12（甘、甜）2（原）		500（甘蔗）、800（甜菜）、400（甘原糖）、500（菜原糖）		
畜禽屠宰与肉制品加工	综合废水（工艺及设备洗涤水）	5～6（猪、牛、羊屠宰）15～18（禽类屠宰）8～12（肉制品加工）	50～100（屠宰）25～35（肉制品加工）	1500～2000（猪屠宰）500～600（肉制品加工）	4	动物排泄物
水产品	冻鱼片综合废水	5～7	50～300	1200～1500		水产品废弃物
水产品	鱼糜综合废水	30～35		2000～2500		
水产品	干制鱿鱼丝综合废水	20～25		1500～2000		
水产品	鱼粉综合废水	3	300	15000		
水产品	鱼油综合废水	3	300	20000		
水产品	海藻胶综合废水	200～300		1000		
蔬菜、水果加工	脱水蔬菜综合废水	15～20		200～1000		蔬菜、水果皮渣
蔬菜、水果加工	速冻蔬菜综合废水	5～8		150～500		
蔬菜、水果加工	泡菜综合废水	10～12		2000～2500		
蔬菜、水果加工	果蔬脆片综合废水	25～30		1500～2000		
蔬菜、水果加工	果冻综合废水	3～4		700～800		
蔬菜、水果加工	腌菜与渍菜综合废水	10～12		3500～4000		

续表

行业	废水名称	排放水量 /（m³/t）	NH₃-N 含量 /（mg/L）	COD /（mg/L）	总磷含量 /（mg/L）	废弃物
淀粉及其制品	玉米浸泡水（高浓度废水）	2~3		20000	50（玉米） 10~80	
	马铃薯蛋白汁液（高浓度废水）	2		25000~35000	10~80	马铃薯渣（皮、粗纤维）
	玉米淀粉综合废水	3~4	70~150	5000	<5	
	马铃薯综合废水（无蛋白汁液）	5~7	5~10	2000~4000	<5	
	木薯综合废水	6~8	5~10	8000~12000	<5	木薯渣
	小麦综合废水	5~7	10~200	7000~10000	30~80	麸皮
	淀粉糖综合废水	5~6	15~20	3000~5000	<5	淀粉渣
豆制品	综合废水	20~30	80~100	4000~8000		
蛋品	综合废水	3~4	50	2000~4000		

注：（1）大部分行业废水的 BOD/COD = 0.3~0.6

（2）二次蒸汽冷却水（无污染）尚未计入排放水量

二、 综合废水污染物排放标准

20 世纪 80 年代，各地环保部门均以《工业三废排放试行标准》（GBJ-73）中工业废水最高容许排放标准来检测与管理食品企业的废水排放，由于该标准对全国所有企业实行一刀切，不符合酒精、味精行业高浓度废水难以治理实际，因此，从 1989 年起，食品企业在执行《污水综合排放标准》（GB 8978—1988 及 GB 8978—1996）时，该标准（目前仍有效）专门制定了酒精、味精、甜菜制糖、啤酒行业废水排放标准与允许排水量，其中，生产 1t 玉米、薯类、糖蜜酒精最高允许排水量分别达 100m³、80m³、70m³；生产 1t 味精、啤酒允许排水量分别可达 600m³、16m³。可见，上述行业的允许排水量，相比以后发布的行业水污染物排放标准，单位产品基准排水量是宽了几倍，甚至数十倍。也就是说，从 20 世纪 90 年代至今，酒精、啤酒生产的水污染物减排了六成以上，而味精生产减排了九成以上。

考虑到某些食品行业废水成分与治理特殊性，环境保护部从 1992—2015 年，陆续制定了《肉类加工工业水污染物排放标准》（GB 13457—1992）、《味精工业污染物排放标准》（GB 19431—2004）、《啤酒工业水污染物排放标准》（GB 19821—2005）、《制糖工业水污染物排放标准》（GB 21909—2008）、《淀粉工业水污染物排放标准》（GB 25461—2010）、《酵母工业水污染物排放标准》（GB 25462—2010）、《发酵酒精和白酒工业水污染物排放标准》（GB 27631—2011）、《柠檬酸工业水污染物排放标准》（GB 19430—2013）。这些工业水污染物排放标准（包括 COD、BOD、TN、$NH_3 - N$、TP 等指标与生产吨产品基准排放废水量），在给予一定时间治理的基础上，均制定了严格的标准。

为规范某些食品废水治理工艺，部分行业制定了《屠宰与肉类加工废水治理工程技术规范》（HJ 2004—2010）、《酿造工业废水治理工程技术规范》（HJ 575—2010）、《制糖废水治理工程技术规范》（HJ 2018—2012）、《味精工业废水治理工程技术规范》（HJ 2030—2013）、《淀粉废水治理工程技术规范》（HJ 2043—2014）、《饮料制造废水治理工程技术规范》（HJ 2048—2015）。

三、 废水和大气固废的治理与减排工艺

1. 高浓度废水

20 世纪 70 年代以来，普遍认为酒精、味精、酵母、制糖、淀粉、柠檬酸生产废水处理难度大，但随着这些行业的高浓度废水（玉米酒精糟、糖蜜酒精糟、味精发酵废母液、糖蜜酵母发酵废母液、制糖废母液、玉米浸泡水）采用浓缩与干燥工艺生产有机肥料、饲料、燃料，以及柠檬酸生产的发酵废母液（浓糖液与洗糖水）回用生产，高浓度废水达到了减排，也有些经济效益，特别是解决了后继废水治理难题。但随着提倡非粮原料，又出现了木薯与非粮原料酒精糟、马铃薯淀粉生产的浓蛋白汁废水，它们综合利用价值低，部分企业将其混入综合废水，采用多级生化与物化处理工艺，但投资大、能耗高、运行费用高，成为污染治理的难点。目前，个别马铃薯淀粉生产企业，将浓蛋白原汁废水进行浓缩与干燥生产蛋白产品，初步解决了综合废水污染负荷高的难题。

高浓度废水浓缩干燥生产饲料、肥料、燃料工艺可见图 3 - 1，也有部分高浓度废水（薯类酒精糟）在固液分离后，将滤液送生化处理装置处理，滤渣干燥生产饲料、肥料、燃料。由于浓缩工艺（采用多效蒸发器）和干燥设备的投资大，耗汽量又高，加上饲料、肥料、燃料价值并不高，中小型企业是难以承担的。但应指出的是，高浓度废水只有浓缩干燥生产饲料、肥料、燃料，才能达到减排。

高浓度废水→固液分离→滤液浓缩（多效蒸发器），薯类酒精糟滤液生化处理→

滤渣与浓缩液混合干燥或滤渣单独干燥→生产饲料、肥料、燃料

图 3-1　高浓度废水浓缩干燥生产饲料肥料燃料工艺

2. 综合废水处理工艺

食品行业高浓度废水综合利用后的废水与中低浓度废水（冷凝水与洗涤水）混合，企业只要有投资和运用费用，采用生化和物化的不同单元组合处理后，可以达标排放，也可以将综合废水处理到一定程度，排入地方污水处理厂继续处理。目前，有部分食品企业，特别是中小型企业的废水超标排放，主要是认识、投资、运行费用，废水处理技术并不存在很大问题。

与食品工业 56 个行业有关的废水、大气、固体废弃物的污染控制工程技术，可见《环境工程技术分类与命名》（HJ 496—2009）。食品工业的不同废水，其处理工艺尽管有所不同，但都是以一些基本的单元操作为基础组合而成。单元操作包括物理、化学、物理化学法污水处理，即利用物理、化学、物化原理和单元操作去除污水中污染物的处理方法。物理法包括均质调节（水力与机械搅拌）、格栅（网）、隔油与除油、自然沉淀（沉砂）和一次与二次沉淀、分离（过滤与离心）、浓缩（多效蒸发与膜）、消毒（紫外线）；化学法包括中和、沉淀、氧化、还原、电解、电化学、萃取、消毒（试剂与臭氧）；物化法包括汽提、吹脱、吸附（解吸）、离子交换、气浮、混凝（助凝）、超滤、反渗透、电渗析等。单元操作还包括利用微生物的代谢作用降解有机污染物的生物法，如厌氧工艺（厌氧接触、上流式污泥床［UASB］、厌氧生物滤池［AF］、酸化水解、厌氧内循环反应器［IC］、厌氧颗粒污泥膨胀床［EGSB］等），该工艺利用厌氧微生物或兼性微生物降解废水中高中浓度有机污染物成为简单、稳定的化合物，同时释放出具有经济价值的能量（可燃烧的甲烷气体）；好氧工艺有活性污泥（传统、延时、纯氧、射流曝气、廊道式生物曝气、深井、加压等），生物膜（生物接触氧化、生物滤池、生物转盘），氧化塘（氧化沟、稳定塘），土地处理（渗滤、地表漫流、人工湿地）等，好氧工艺利用需氧微生物分解低浓度有机污染物成为二氧化碳、水、氨、硫酸盐、磷酸盐等稳定的无机盐。厌氧—好氧工艺，包括厌氧—好氧组合、水解—好氧、硝化—反硝化的 A-O 工艺（厌氧—好氧池）与 A-A-O（厌氧—缺氧—好氧池）、ABR-DAT-IAT（折流式厌氧反应器—好氧池—间歇曝气池），是将厌氧和需氧两种生物处理单元串接起来处理废水。食品生产废水处理可见综合废水—预处理—生化—物化处理工

艺流程图（图3-2）。

综合废水→ 预处理（格栅、除砂池、调节池、酸化池）→ 厌氧处理（厌氧接触、UASB、AF、酸化水解、IC、EGSB）和沼气处理与利用 →消

化液→ 好氧处理（活性污泥、生物膜、氧化塘）→ 深度处理（物化与膜）→ 达标排放

图3-2　综合废水预处理—生化—物化处理工艺流程

3. 大气污染与固体废弃物的治理与减排工艺

（1）大气污染物的治理

①大气污染物的主要来源：食品行业大气污染主要来自粮食、谷物、薯类原料粉碎与磨制产生的粉尘，产品与副产品干燥产生的粉尘和异味，废弃物的贮存与运输，食品生产和发酵工艺产生的异味，燃料锅炉产生的烟尘和二氧化硫，废水处理工程产生的异味。

②大气污染物的定性与定量分析：大气污染物的定性与定量分析可根据《大气污染物无组织排放监测技术导则》（HJ/T 55—2000）、《环境空气质量手工监测技术规范》（HJ/T 194—2005）、《环境空气半挥发性有机物采样技术导则》（HJ/T 691—2014）所阐述的原则进行。采用各种型号（不同过滤材料及孔径大小）的气体取样器进行分析。根据大气污染物颗粒、胶体大小及其量，采用气体取样器负压抽取若干体积气体，化学与仪器分析滤布上的污染物的主要成分与量即可。

③大气污染控制与减排工程：大气污染控制工程与减排技术，包括除尘技术（袋式、旋风、静电、湿式、复合式）；除雾技术（过滤式、静电、惯性）；气态污染物净化技术（吸收、吸附、洗涤、催化转化、冷凝、燃烧净化、生物法净化、膜分离）。企业锅炉产生的烟气污染物，需采用脱硫除尘设备；生产工艺产生的大气污染物经负压收集净化并不一定都要采用活性炭吸附，食品生产产生的大气污染物大多是可溶性的，因此可以采用水（包括碱水）或溶剂洗涤工艺，该工艺同比"活性炭吸附"投资低，产生的二次污染物易处理。食品工业个别行业（某些食品添加剂）生产工艺产生含有醇、醛、酸、酯、芳香族等有机化合物成分的气体，具有挥发性大、气味强度表征值大等特点，拟应根据气味成分与强度，采用负压操作，选择合适的吸附材料（剂）与处理工艺。

"喷浆造粒污染烟气治理技术"已列入《2012年国家鼓励发展的环境保护技术目

录》；"双介质阻挡放电低温等离子恶臭气体治理技术（入口臭气浓度＜1万，去除率大于九成）""污水污泥处理处置过程中恶臭异味生物处理技术""低浓度有机废气生物净化技术"均已列入《2016年国家先进污染防治技术目录（VOCs防治领域）》。

（2）固体废弃物的治理与减排工程　食品行业固体废弃物污染控制与减排工程技术，包括固体废物收运技术（收集、运输、转运）；固体废物的预处理技术（压实、破碎、分选）；固体废物热处理技术（焚烧、热解、气化、熔融）；固体废物生物处理技术（好氧动态与静态堆肥、厌氧湿式与干式发酵）；固体废物填埋技术（卫生厌氧与好氧填埋、防渗、渗滤液收集回灌与生物物理处理、填埋气体处理）；固体废物资源化技术（废塑料熔融法、热裂解法、分选法回收利用、污泥土地利用与堆肥）、能源回收利用技术（污泥厌氧发酵生产能源）。还包括将固体废弃物委托给有资质的单位进行处理。

第三节　食品工业高浓度废水与综合废水的处理工艺

一、高浓度废水采用浓缩干燥工艺生产饲料、肥料、燃料

食品生产排放高浓度有机废水（COD浓度在10000mg/L以上）的主要是玉米与糖蜜酒精糟COD分别为70000mg/L与100000mg/L、玉米浸泡水COD为20000mg/L、马铃薯蛋白汁液COD为35000mg/L、味精与酵母发酵废母液COD均为80000mg/L，必须采用浓缩—干燥工艺生产生化培养基、蛋白制品、食品与饲料添加剂、饲料、肥料；制糖废母液（即废糖蜜）COD为100000mg/L，制糖企业将废糖蜜出售或者不出售，都需生产酵母与酒精，其发酵生产产生的废母液、酒精糟也必须采用浓缩—干燥工艺生产肥料；柠檬酸生产的发酵废母液（浓糖液与洗糖水）需回用生产（配制料液等）……从而使各种高浓度废水达到了减排，由此产生的浓缩工艺冷凝液及各种洗涤水的污染负荷（COD）可降到7000mg/L以下，即给后继废水处理带来方便。高浓度废水采用浓缩与干燥工艺生产饲料与肥料后，食品生产综合废水主要是来自处理原料废水，洗涤罐、瓶、设备、容器的水，车间冲洗水，浓缩、结晶设备洗涤水与二次蒸汽冷凝水，以及厌氧发酵消化液。

"糖蜜酒精废液直接浓缩焚烧技术"已列入《2008年国家先进污染技术示范名录》；"高浓度有机废水浓缩燃烧技术""高浓度有机废水无害化生产液态生物有机肥技术"

均已列入《2009 年国家鼓励发展的环境保护技术目录》；"高浓度有机废水浓缩燃烧发电技术"已列入《2013 年国家鼓励发展的环境保护技术目录》。

二、 综合废水采用生化处理为主的治理工艺

为达到《污水综合排放标准》（GB 8978—1996），以及有关食品行业《水污染物排放标准》，可视大部分行业综合废水污染物浓度在 COD 500～7000mg/L，采用一级到二级生化（一级好氧、一级厌氧与一级好氧、二级好氧）为主的多级处理工艺，各种废水可以 COD 1000mg/L 为界，小于 1000mg/L 采用一级或二级好氧为主的生化处理工艺，大于 1000mg/L 采用一级厌氧与一级好氧为主的二级生化处理工艺，当然，进入厌氧工艺废水的 COD，经清污分流尽可能高一些，以保证厌氧发酵有较高效率。

有个别食品行业综合废水的 COD 会稍大于 7000mg/L，则可调整废水处理工艺的参数，也可在原处理基础上再增加一级生化处理工艺。木薯、红薯、秸秆纤维素酒精糟滤液污染负荷高（25000mg/L），甚至更高，可采用以二级厌氧与二级好氧生化处理为主的多级（8 级）治理工艺，但需要有大量投资和运行费用。

味精生产的综合废水的 COD 2000～3200mg/L、NH_3-N 150～250mg/L、TN 250～350mg/L，是食品工业氨氮含量较高的废水，可采用"好氧生物脱氮技术"（《2012 年国家先进污染防治示范技术名录》），用异养硝化与好氧反硝化脱氮菌同步处理废水；也可采用"高氨氮有机废水短程—厌氧氨氧化脱氮处理技术"（《2015 年国家先进污染防治示范技术名录（水污染治理领域)》），即将污水的氨氮先转化为亚硝态氮，再在厌氧氨氧化菌作用下将它们氧化成氮气，最后部分硝化实现生物脱氮，从而达到排放标准。该技术可大幅度降低鼓空气量（即 O_2 量）、不需添加碳源，还可适用于其他食品工业的高氨氮含量废水。

三、 综合废水的深度处理工艺

啤酒、酒精（包括燃料乙醇）、白酒、黄酒、葡萄酒发酵生产综合废水总磷含量分别为 6～12mg/L、30～40mg/L、5～50mg/L、10～15mg/L、5～25mg/L，而酒类工业水污染物排放标准（啤酒正在修订，黄酒与葡萄酒是征求意见稿）的总磷直接排放限值规定为 1mg/L（酒精与白酒行业排放限值为 3mg/L、黄酒与葡萄酒行业为 2mg/L）。酿酒生产综合废水（酒精糟滤液、白酒生产锅底水、各种洗涤水）总磷含量偏高，目前有些地方环保部门尚未进行监测，应引起生产企业的重视。为严格达标排放，拟改造原

处理工艺，增加深度处理工艺（混凝沉降与 MBR 工艺及膜技术）。

有企业先将综合废水处理到环保部标准规定的间接排放标准后，再排入地方污水处理厂进一步处理也是可行的。

应指出的是，新建扩建改建的部分食品厂为不增加企业取水量、排放废水量，将达标的排放水用反渗透工艺生产再生水是可行的，但该处理工艺产生的浓水尚需妥善处理，有个别企业将浓水再行浓缩与干燥，较为彻底地解决了浓水的去处，但投资大、运行费用高。如果能在浓水浓缩与干燥工艺后，采用蒸汽再压缩装置回收二次蒸汽，则能降低投资和运行费用。

"曝气生物流化床废水深度处理技术""双膜法浓水循环中水回用技术"均已列入《2013 年国家先进污染防治示范技术》。

四、 食品行业的废水处理特殊工艺

长期以来，部分食品生产企业认为本行业综合废水污染负荷较低，可以直接进行农田灌溉。现介绍一些这方面的国内外情况。

1. 制糖马铃薯淀粉生产废水和酒精糟的土地处理

国外，食品生产废水已有进行土地处理的较多例子。1972 年，美国联邦环境总署颁布了净水法法案，提倡"零排放"的水资源回用技术，其中就有废水土地处理工艺，它被认为是一种能耗低、投资小、处理效率高的技术。在此基础上，美国各州纷纷制定了相应的废水土地处理法规、条例，将食品生产低浓度废水回用于农业灌溉、土壤修复、自然湿地和城市绿化。适用的农作物包括：玉米、棉花、小麦、大麦、牧草、苜蓿、马铃薯、甜菜等。目前，美国已有超过 30 个州颁布了关于废水土地处理的条例和执行标准，明确了废水土地处理的设计规范、项目申请与批复、执行与监管细则、对环境的影响等。

美国爱达荷州环境保护署于 1996 年，分别批复混合糖业公司三家糖厂采用制糖冲洗废水（年排放总量 150 万 t）进行土地处理项目，废水水质为 pH 6.5、COD 5000mg/L，州环保署对冲洗废水土地处理项目有以下严格规定：均匀投放、避免有机物在地表聚集、禁止出现积水、地下水质符合标准、严禁实施大水漫灌、废水中污泥需堆肥后还田。

美国俄勒冈州环保署于 1995 年，批复莫尔马铃薯淀粉公司采用洗涤废水（年排放总量 3.5 万 t）进行土地处理项目，废水水质为 pH 6.7、COD 4000mg/L、NH_3-N

16mg/L、可溶性固形物 6000mg/L，连续 15 年灌溉 400 亩（1 亩 = 666.7m²）的苜蓿和牧草草场，期间，不再投放任何化肥，但每年从农业灌溉水渠补充清水 15 万 t。

巴西将糖蜜酒精糟基本定量施用还田。使用方式：一种是罐车运输至地头喷洒，另一种是施用酒精糟中大量的营养物质，提高土壤肥力和保水力，有助于促进甘蔗的生长，施用还田结果是增加产量一成以上。

制糖与马铃薯生产洗涤废水、糖蜜酒精糟进行土地处理后，可以大大减少废水排放量，改善土壤的理化指标和肥力，提高农作物产量，降低种植成本，能达到节能减排。但是，对环境管理与监测提出了很高要求。

2. 国内引进美国的维蒙特喷灌技术

美国的维蒙特喷灌技术是将甜菜糖厂与马铃薯淀粉厂的洗涤废水（COD 2000mg/L），先储存在氧化塘自然降解几个月，然后通过喷灌设备均匀、有序投放土地系统。

2010 年 5～6 月，黑龙江省南华某糖厂筹建制糖生产废水农田灌溉试验示范项目，将 28 万 t 甜菜冲洗废水分批次均匀灌溉 6800 亩农田。2010 年，黑龙江省博天某糖厂将 50 万 t 甜菜冲洗废水灌溉 5000 亩农田，经检测地下水水质、土壤品质、农作物生长一切正常。

2006 年宁夏区某市环保局和市农业技术推广中心承担"马铃薯淀粉加工废水农田灌溉试验示范项目"研究，3 年累计利用汁水 200 万 m³ 灌溉休闲农田 1.8 万亩。1996 年内蒙古区呼和浩特市某淀粉有限公司（年加工马铃薯 10 万 t），投资 3000 万元筹建 54000m³ 防渗池及喷灌设施，每年将 10 万 t 有机废水（90t/h）通过喷灌设备有序灌溉农田系统，经环保监测土壤、大气、地下水等各项指标正常或优良。黑龙江省北大荒某薯业有限公司下属三个公司，分别于 2012 年、2014 年、2015 年进行马铃薯淀粉加工有机废水投放农田。马铃薯淀粉生产废水喷灌农田流程，见图 3 - 3。

马铃薯生产废水→集水沉淀池→配水池（加清水）→喷灌管网→喷淋水→农田
　　　　　　　　　　　↓
　　　　　　　污泥贮存作肥料

图 3 - 3　马铃薯淀粉生产废水喷灌农田工艺

3. 食品行业废水灌溉土地需经长期生产试验

中小型马铃薯淀粉生产企业，要筹建蛋白汁浓缩与干燥加工蛋品制品的生产线困难很大，同时，要完整建造废水生化处理设施也有困难。因此这些企业迫切希望引进和筹建喷灌技术，但该技术到目前为止还只是处于生产试验阶段，各级环保部门尚未有马铃薯淀粉生产废水作为农田灌溉水质应达到的标准。

马铃薯生产废水采用喷灌技术有序灌溉土地系统，拟应继续进行生产试验，需进行废水主要有机物与农作物生长所需有机物、土地残余有机物的衡算。并应根据《农田灌溉水质标准》（GB 5084—2005）的"农田灌溉用水水质基本控制项目标准值"，以及《食用农产品产地环境质量评价标准》（HJ/T 332—2006）的"土壤环境质量评价指标限值""灌溉水质量评价指标"，长时间监测生产废水，以及地下水的 COD、TN、SS、全盐量、微生物等指标的变化，密切注视被灌溉农产品质量和试验农田土壤质量。

从整体上讲，食品工业 56 个行业年排放综合废水 50 亿 t，其 COD 的中低浓度范围在 500 ~ 1000mg/L，如果能清楚废水农灌机理，且确定长期使用不会对农产品与土地造成安全隐患和不良影响，则采用喷灌技术有序灌溉土地系统是可行的。

4. 马铃薯淀粉生产废水拟分类处理

"马铃薯淀粉废水治理及综合利用工程技术"早已列入《2008 年国家先进污染防治示范技术名录》。该技术提出将马铃薯淀粉生产三种废水分类处理是合理可行的，即马铃薯冲洗废水经二级沉淀处理后，可以有序灌溉农田系统；提取淀粉生产废水经沉淀处理后可继续回用生产；浓厚蛋白质液应浓缩干燥生产蛋白制品。

五、 废水厌氧发酵产生沼气的应用

沼气的主要组成是甲烷（CH_4）和二氧化碳（CO_2），处理不当会造成爆炸、火灾等危险事故。沼气中重要组分 CH_4 是可再生能源的来源，它的利用方式包括：①直接用于锅炉燃烧生产蒸汽；②通过内燃机发电上网，其适用于产生沼气量大的生产企业；③净化提纯后用作车用清洁燃料，目前正在大力推广应用；④经深度净化处理后用作管道水煤气；⑤生产化工原料与燃料电池。食品生产高中浓度废水经厌氧发酵生产的沼气（含量 55% ~ 60%），一般只用于锅炉燃烧（即沼气作燃料）。但也可经过加工用于车用清洁燃料，或进入燃气轮机与发电机系统用于发电，产生较高的经济效益，同时还能回收液体二氧化碳。

从沼气分离出高纯甲烷的关键技术是多级变压吸附工艺。提纯工艺由沼气压缩、冷冻干燥、多级过滤、吸附干燥等预处理工艺和高压吸附、并流均压、常压再生等变压吸附工艺组成。设备包括压缩机、冷干机、过滤机、干燥塔，以及由多个吸附柱组成的变压吸附循环系统。该系统是基于吸附剂在不同分压下对吸附物质组分有选择吸附的特性，以及有不同的吸附容量、速度，而加压吸附可除去原料气中的杂质组分，减压解吸这些杂质后可使吸附剂再生。经提纯的甲烷气体浓度可达到 95% 以上，符合国家标准的车用压缩天然气（GB 18047—2000）。

"高浓度糖醇废水沼气发电技术"已列入《国家重点节能低碳技术推广目录（2015年本节能部分）》（国家发展改革委公告 2015 年 35 号）。

第四节　酒精糟的综合利用与综合废水治理

20 世纪 80、90 年代，考虑到酒精、味精、制糖（甘蔗与甜菜）行业高浓度废水处理难度大，《污水综合排放标准》（GB 8978—1996）专门制定了三个行业较宽的排放标准和排水量。但随着玉米与糖蜜酒精糟、味精与糖蜜酵母发酵废母液浓缩干燥生产饲料与肥料；制糖废糖蜜生产酵母与酒精后，发酵废母液与酒精糟也采用浓缩干燥生产肥料；柠檬酸发酵废母液回用生产，高浓度废水治理得到基本解决。目前，就剩下酒精（包括燃料乙醇）因生产原料变化，引起高浓度废水（酒精糟）和综合废水的处理难度大幅度增加，成为食品工业难以处理的典型之一。现将有关情况进行介绍。

酒精（包括燃料乙醇）是以淀粉（玉米）、糖质（糖蜜、高粱茎秆糖汁）、生物质（红薯、木薯、粉葛、芭蕉芋、纤维质）为原料，经预处理、发酵、蒸馏制得的，如将酒精经脱水，再添加变性剂则就成燃料乙醇。目前，部分酒精和燃料乙醇生产企业采用木薯等非粮原料，给酒精糟综合利用和废水处理带来了一定难度。

酒精生产的高浓度废水（酒精糟）综合利用和污水处理随原料不同而不同。

一、酒精糟（即高浓度废水）与综合废水

蒸馏发酵成熟醪生产酒精时，粗馏塔底部排出的醪液（属高浓度有机废液），是酒精生产的主要污染源，它的综合利用与治理是行业关心的。生产 1t 酒精（燃料乙醇）排出 8～12t 酒精糟，玉米与生物质原料酒精糟污染物浓度基本上为：COD 40000～70000mg/L、BOD 25000～40000mg/L、SS 25000～35000mg/L（即 1t 酒精糟含有 25～35kg 悬浮物）；糖蜜和高粱茎秆糖汁酒精糟污染物浓度分别为：COD 120000mg/L 和 55000mg/L、BOD 70000mg/L 和 33000mg/L、SS 10000mg/L 和 20000mg/L。同时，各种原料酒精糟还含有一定量的 $NH_3 - N$（50～250mg/L）、TN（500～1000mg/L）、TP（50～200mg/L）。

酒精和燃料乙醇生产的综合废水，包括精馏塔蒸馏酒精时底部排出的余馏水（生产 1t 酒精排出 1.5～2.5t，COD 900～1200mg/L）、各种设备与生物质原料洗涤水和车间冲洗水（生产 1t 酒精排出 4～10t，COD 1500～2500mg/L）、综合利用产品洗涤水（生产 1t 酒精糟滤渣产品 0.5～2t，COD 1000～2000mg/L）。综合废水还包括生产二氧化碳洗涤水（1t 产品排出 0.5～1t，COD 300～500mg/L）、少量的冷却水（生产 1t 酒精排出 1～3t，COD＜100mg/L）、锅炉房与生活污水（少量）。可见，生产 1t 酒精，中低浓度废水排放应在 12t 左右。

二、酒精糟的综合利用与治理

酒精糟可以先进行固液分离，滤渣干燥生产燃料、饲料、肥料，滤液可以与综合废水（主要是洗涤水）混合进入厌氧段处理，综合废水还可以与滤液的第一级（或第二级）厌氧消化液混合进入好氧段或其他工艺处理；酒精糟也可以先不进行固液分离（所谓全糟厌氧发酵），直接进行第一级厌氧发酵，将厌氧消化液进行固液分离，滤渣（包括活性污泥）生产有机肥，第一级厌氧消化液滤液与中低浓度废水混合（即综合废水）再进入生化工艺（第二级厌氧和好氧）继续处理。可见，不管采用何种处理工艺，酒精糟的固液分离是必不可少的。

1. 酒精糟固液分离技术

玉米和生物质原料酒精糟的悬浮物含量（2.5%～3.5%）高，其污染负荷占酒精糟污染负荷的五成。固液分离是将悬浮物从酒精糟分离出来生产饲料或滤渣燃料，滤液悬浮物含量符合要求后，进行浓缩工艺或厌氧发酵。

由于玉米和生物质原料酒精、燃料乙醇生产的发酵液是含悬浮物发酵，因此，酒精糟的悬浮物颗粒小、黏度大、含量高，给固液分离带来很大困难。酒精糟固液分离可采用立式分离机（悬浮物去除率 30%～40%、滤渣含水分 85%～90%）、斜筛滤、板框压滤机（悬浮物去除率 70%～75%、滤渣含水分 60%～70%）、充气隔膜双向压榨固液分离机（悬浮物去除率 75%～85%、滤渣含水分 50%～60%）、卧式螺旋离心机（悬浮物去除率 60%～70%、滤渣含水分 70%～80%）、凝聚沉降等工艺与设备，也可采用不同组合，如卧式螺旋离心机—板框压滤机、斜筛滤—卧式螺旋离心机、板框压滤机—凝聚沉降，等等。

2. 玉米酒精糟与综合废水处理工艺

20 世纪 90 年代以后，玉米酒精生产企业将玉米酒精糟先进行固液分离，滤液浓缩

（多效蒸发装置），浓缩液（总固形物含量40%）与滤渣混合干燥生产经济效益高的蛋白饲料（蛋白含量27%），浓缩工艺产生的冷凝液和综合废水混合（COD 6000mg/L，生产1t玉米酒精排出10t），采用生化（厌氧—好氧）工艺处理后即可达到国家一级排放标准排放。2001—2006年，黑龙江、吉林、河南、安徽的四家燃料乙醇公司均采用玉米原料生产燃料乙醇，同时，将玉米酒精糟生产蛋白饲料，综合废水采用一级厌氧与一级好氧工艺处理，解决了环境污染。

　　3. 薯干酒精糟与综合废水处理工艺

　　（1）薯干酒精糟的综合利用工艺　2005—2017年，酒精糟处理随着酒精生产原料变化遇到了新的问题，主要是有关部门认为大规模使用玉米原料生产燃料乙醇配制汽油将影响粮食安全。2006年12月，有关部门下达的《关于加强生物燃料乙醇项目建设管理，促进产业健康发展的通知》，提出"坚持非粮为主，积极妥善推动生物燃料乙醇产业发展"。并在《生物燃料乙醇及车用乙醇汽油"十一五"发展专项规划》中指出"燃料乙醇产业发展要以木薯、纤维素等非粮作物为原料。"这些指示除关系到燃料乙醇生产原料外，也关系到食用酒精生产原料。

　　薯干酒精糟滤渣蛋白含量低（10%左右），生产蛋白饲料很不经济。因此，一般将酒精糟先进行固液分离，滤渣干燥后生产燃料。薯干酒精糟滤液COD 25000mg/L、SS 7000~10000mg/L（即1t酒精糟滤液含有7~10kg悬浮物），酒精糟滤液与综合废水污染负荷的比值BOD/COD = 0.5~0.6，可生化性尚好，因此可采用二级厌氧—二级好氧工艺为主的多级治理工艺。它可以采用传统的各种厌氧、好氧工艺与设施，但是，它污染负荷高、悬浮物含量高、温度高是要重视的。

　　（2）薯干酒精糟滤液与全糟厌氧发酵的两种治理工艺　从2006年9月起到2011年12月，环保部环境工程评估中心相继评估了12个燃料乙醇项目，其中，有四家生物质能源有限公司燃料乙醇项目已分别投产，其余尚未投产。综合通过环境评估的酒精糟综合利用和综合废水（主要是酒精糟滤液）治理项目，酒精糟拟应采用"固液分离和滤液以两级厌氧与两级好氧为主的多级治理工艺"，或者采用"全糟第一级厌氧和固液分离后滤液以一级厌氧与两级好氧为主的多级治理工艺"。

　　酒精糟"固液分离和滤液以两级厌氧与两级好氧为主的多级治理工艺"是先将酒精糟进行固液分离，滤渣（含水分75%）干燥生产燃料，滤液再进行二级厌氧与二级好氧处理；"全糟第一级厌氧和固液分离后滤液以一级厌氧与两级好氧为主的多级治理工艺"是将酒精糟先进行第一级好氧，消化液再进行固液分离，活性污泥滤渣生产肥料，滤液再进行第二级厌氧与二级好氧处理。两级（第一级高温、第二级中温）厌氧可以采用接触式厌氧发酵（CSTR，第一级厌氧工艺）、厌氧膨胀床（ANAEG）、上流式厌氧污泥床（UASB）、内循环厌氧反应器（IC）。应指出的是，厌氧工艺除采用接触式厌氧发酵（CSTR），可允许较高的污染负荷与悬浮物含量外，其他厌氧工艺要求酒精糟滤液污染负荷不能太高（COD 25000mg/L 以下），且悬浮物含量要求低，否则不能形成颗粒污泥，影响处理负荷和效果。第一级厌氧发酵（高温，55～58℃）时间为 4d（滤液）与 10d（全糟）、第二级厌氧发酵（中温，30～35℃）时间为 1d（滤液）与 3d（全糟），两级好氧工艺可以采用活性污泥（包括 SBR）、循环式活性污泥（CASS）、接触氧化等。还应指出的是，由于全糟处理工艺的第二级厌氧消化液污染物浓度较高（COD 1700～2100mg/L），因此好氧工艺的曝气时间要较长。"多级治理工艺"包括水解酸化、气浮、流化床曝气、混凝沉淀等，为达到《发酵酒精和白酒工业水污染物排放标准》，经一定处理的废水可进入地方污水处理厂继续处理，这样处理可减少一级好氧工艺。

目前，生物质酒精糟的处理，大多采用固液分离—滤渣生产燃料—滤液二级厌氧与二级好氧—达标排放工艺。但也有采用全糟第一级厌氧—消化液分离—滤液第二级厌氧与二级好氧—滤渣生产肥料—达标排放工艺。两种处理工艺各有优缺点，以生产 1t 酒精或燃料乙醇排出 10t 酒精糟（COD 50000mg/L、SS 3.5%）为例，固液分离—滤液二级厌氧与二级好氧为主的处理工艺，酒精糟滤液（COD 25000mg/L）两次厌氧发酵生产沼气（1t 酒精产生 200m³ 沼气，有小部分纤维素转为化沼气），联产 300kg 滤渣燃料、饲料（均为干基），燃料与饲料的原含水量 70%，尚需经干燥成产品（2t 生物质燃料相当于 1t 煤），还产生 80kg 活性污泥（干基）；酒精糟全糟处理工艺是酒精糟第一级全糟厌氧、第一级全糟厌氧分离的滤液（消化液）进行第二次厌氧发酵，第二级厌氧消化液再进行二级好氧，1t 酒精产生的酒精糟两次厌氧共生产沼气 300m³，有部分纤维素转化为沼气，联产 380kg 滤渣肥料（干基），肥料也需经干燥成产品。由此可见，全糟厌氧发酵工艺同比酒精糟滤液厌氧工艺全流程都可达到排放标准，但厌氧发酵生产沼气量和联产污泥肥料量较高，然而全糟厌氧工艺主要设备体积较大、生物处理工艺停留时间较长。

4. 如何确定酒精糟处理工艺

应综合比较酒精糟处理工艺主要技术经济指标，然后确定采用的工艺。其中，应比较处理每吨酒精糟（包括综合废水）工艺的主要技术经济指标，综合利用与治理一吨生物质酒精糟的投资，及其处理一吨酒精糟、滤液、综合废水的运行费用，以及综合利用产品（酒精糟滤渣饲料与燃料、酒精糟活性污泥燃料、沼气）的经济效益，核算要包括滤渣饲料和酒精糟活性污泥燃料的干燥工艺费用。经综合比较后，即可确定酒精糟采用哪种处理工艺治理。

纤维质燃料乙醇酒精糟的治理比淀粉质、糖质难度更大，尚需予以注意。

第五节　食品工业综合废水处理工艺与技术的校核

由于食品工业废水处理，特别是酿酒与发酵生产的高浓度废水与综合废水治理的特殊性，食品生产工艺与技术人员应配合环境专业人员进行环境工程设计。食品工艺人员尚需清楚以下环境工程名词基础上，对综合废水处理工程进行校核、审查，审核应包括以下十二个方面。

1. **废水量浓度和排放标准**

食品行业高浓度废水与综合废水的每天产生量（V），主要污染物 COD、BOD、SS、TN、$NH_3 - N$、TP 的浓度（mg/L）。排放废水执行的是污水综合排放标准、还是行业水污染物排放标准，以及上述两排放标准中的间接排放标准或地方排放标准。应注意的是，地方排放标准需严于环保部制定的标准。

2. **污泥组成**

污泥是污水处理工艺中产生的半固态或固态物质，包括食品生产综合废水原悬浮物（酒糟、菌体、农副产品残渣），但不包括栅渣、浮渣和沉砂。

3. **再生水生产与利用**

污水再生利用是污水回收、再生和利用的统称，包括污水净化后再用、实现水循环的全过程。

4. **活性污泥法工艺的活性污泥性能指标**

（1）污泥浓度指标　混合液悬浮固体浓度（MLSS）表示活性污泥在曝气池混合液中的浓度；混合液挥发性悬浮固体浓度（MLVSS）表示有机悬浮固体的浓度，单位均为mg/L。

（2）污泥沉降性能指标

①污泥沉降比（SV）：即曝气池混合液在量筒（100mL）中静置30min，测得污泥沉淀体积与原混合液体积的比值（%）。SV 值能反映污泥浓度及其沉降性能。

②污泥体积指数（*SVI*）：即曝气池出口处的混合液经 30min 沉淀，1g 干污泥所形成的沉淀污泥体积，单位为 mL/g。*SVI* 值比 *SV* 值更能够准确评价污泥的凝聚与沉降性能。

5. 活性污泥龄

污泥龄是活性污泥在生物处理工艺的平均停留时间。一般为 5 ~ 15d，可参阅类似食品综合废水处理。

6. 活性污泥 BOD 负荷率

活性污泥 BOD 负荷率是生物处理工艺的单位质量活性污泥在单位时间内降解有机物量，也称有机负荷率。单位为 kg BOD_5/（kg MLSS × d），食品生产综合废水的活性污泥工艺设计中，一般可取 0.05 ~ 0.15kg/（kg × d），可参阅类似食品综合废水处理工程。

7. 生化需氧量容积负荷

五日生化需氧量容积负荷是生物处理工艺单位容积每日去除的五日生化需氧量。单位为 kg BOD_5/（m^3 × d）。

q（BOD 容积负荷）= Q（废水流量）×［S（进水 BOD 浓度）− S_0（达标 BOD 浓度）］/V（反应池有效容积）。视不同的好氧工艺，一般可取 0.2 ~ 1kg BOD/（m^3 × d），可参阅类似食品综合废水处理工程。

8. 厌氧工艺容积负荷

厌氧工艺容积负荷（COD_{Cr} 容积负荷）是厌氧反应器单位容积每日去除的化学好氧量。单位为 kg COD_{Cr}/（m^3 × d）。

q（COD_{Cr} 容积负荷）= Q（废水流量）×［S（进水 COD_{Cr} 浓度）− S_0（达标 COD_{Cr} 浓度）］/V（反应器有效容积）。视不同的厌氧工艺，一般可取 5 ~ 30kg COD_{Cr}/（m^3 × d），可参阅类似食品综合废水处理工程。

9. 废水处理投资

单位体积废水处理投资是指 1d 处理 1m^3 综合废水达标排放的环境工程投资，包括高浓度废水综合利用工程，如固液分离、干燥工程。一般为 0.05 ~ 1.5 万元/m^3。

10. 废水处理成本

单位体积废水处理成本是指处理 1m^3 综合废水所花去的费用，包括能耗、试剂、设备折旧、人工费用、高浓度废液生产综合利用产品（固液分离与干燥的耗电、耗汽）的成本。一般为 0.50 ~ 15 元/m^3。

11. 采用的环境工程技术需符合的规范

食品行业环境工程技术需符合《水污染治理工程技术导则》《屠宰与肉类加工废水治理工程技术规范》《酿造工业废水治理工程技术规范》《制糖废水治理工程技术规范》《味精工业废水治理工程技术规范》《淀粉废水治理工程技术规范》《饮料制造废水治理工程技术规范》。应当关注高浓度废水的综合利用治理工艺，以及综合废水采用以一级或二级生化处理为主的多级治理工艺的依据。环境工程设计使用的各种设备与装置均需符合环境保护部规定的环境保护产品技术要求。

12. 使用的环境工程设备需符合的优惠目录

为使购置的各种环境设备，能享受企业所得税抵免优惠政策，食品企业环境工程设计使用的各种环境专用设备（水污染防治、大气污染防治、固体废物处置、环境监测）需符合《环境保护和节能节水专用设备企业所得税优惠目录（2017年版）》（财税〔2017〕71号）。

第四章

食品工业节能减排技术

　　为达到人口、资源、环境的平衡，必须大力推进食品工业节能减排和清洁生产进程，节约大量的资源与能源，以产生较高的经济、环境、社会效益。推进的进程，应包括制定节能减排措施，采用先进的生产工艺，应用节能减排和清洁生产的设备和装置，以及进行节能减排和清洁生产技术改造。

　　最近十年，国家有关部门发布了一系列工业行业（包括食品）节能减排和清洁生产推广项目与目录，其中有国家发展改革委的《国家鼓励发展的资源节约综合利用和环境保护技术》《国家重点节能技术推广目录》《十大节能技术和十大节能项目（国际和中国）》《国家重点节能低碳技术推广目录（2017年　节能部分）》；工业和信息化部的《国家鼓励发展的重大环保技术装备目录（2011年版）》《轻工行业节能减排先进适用技术指南和应用案例》《国家鼓励的工业节水工艺、技术和装备目录（第一、二批）》《水污染防治重点工业行业清洁生产技术推行方案》《工业清洁生产关键共性技术案例（2015年PPT展示版）》；科学技术部的《节能减排与低碳技术成果转化推广成果清单（第二批）》；环境保护部的《国家先进防治示范技术名录》《国家鼓励发展的环境保护技术目录》。

　　发布的食品工业的节能减排和清洁生产推行方案、技术目录、成果清单，具体介绍了某一项技术的节能减排原理、工艺、设备，以及主要技术经济指标，这些技术尽管是针对某一个食品行业的，但是它的基本原理和主要技术经济指标并不局限于某行业，应能指导食品工业其他有关行业的节能减排，同时也能作为清洁生产的高中费项目。

第一节　节能减排的措施

　　根据食品生产节能的原理，食品工业各行业的节能减排，总体应采取以下十个方面的政策和技术措施。

一、　国家应制定产业政策规范食品生产企业的规模

　　目前，国家有关部门制定了一系列产业政策，包括：行业准入条件、产业政策、产业结构调整指导目录等，为食品生产企业的规模经济、节能减排、发展生产奠定了基础。具体产业规模内容如下。

　　（1）《啤酒制造业清洁生产标准》（HJ/T 183—2006）提出，新建啤酒厂一、二级清洁生产指标分别为年生产啤酒10万t、5万t。

（2）《乳制品加工行业准入条件》（国家发展改革委公告〔2008〕26号）规定，新建乳制品加工项目为日处理原料乳能力（两班）200t以上；改（扩）建加工项目规模为日处理原料乳能力100t以上。《乳制品工业产业政策》（国家发展改革委公告〔2008〕35号）规定，北方、大城市郊区乳制品工业区新建和扩建乳粉项目日处理原料乳能力（两班）须达到300t及以上；新建、扩建液态乳项目日处理原料乳能力（两班）须分别达到500t、300t及以上；南方乳制品工业区新建和扩建乳粉项目日处理原料乳能力（两班）须达到300t及以上；新建、扩建液态乳项目日处理原料乳能力（两班）须分别达到200t、100t及以上。

（3）《部分工业行业淘汰落后生产工艺装备和产品指导目录（2010年本）》（工业和信息化部公告〔2010〕122号）提出了淘汰北方海盐年产30万t、湖盐年产20万t以下生产设施；真空制盐单套生产能力年产10万t及以下生产设备；利用矿盐卤水、油气田水且采用平锅制盐生产设备、年产2万t及以下的南方海盐生产设施。还提出了淘汰年产3万t以下酒精生产线、年产3万t以下味精生产线、环保不达标的柠檬酸生产工艺及装置、1min生产能力小于150瓶（容积在250mL及以下）的碳酸饮料生产线、1h生产能力12000瓶以下的玻璃瓶啤酒灌装生产线。

（4）《产业结构调整指导目录（2011年本）》（国家发展改革委令〔2013〕21号）提出了淘汰年单套10万t以下真空制盐装置、20万t以下湖盐生产设施、30万t与2万t以下北方与南方海盐生产设施；生产3万t以下粮薯酒精与味精、2万t以下柠檬酸、10万t以下（总干物收率97%以下）湿法玉米淀粉生产线。

该"指导目录"还提出了限制原糖加工项目和日处理甘蔗5000t、甜菜3000t以下的新建项目；限制新建白酒与酒精生产线、发酵液采用等电点离子交换提取工艺的年生产5万t味精生产线、浓缩苹果汁生产线、大豆压榨及浸出项目（中东部地区日单线处理油菜籽与棉籽200t以下与花生100t以下的油料加工，西部地区均在100t以下的油料加工）、年加工玉米30万t以下（绝干收率98%以下）湿法淀粉生产线；还限制新建年屠宰生猪15万头、肉牛1万头、肉羊15万头、活禽1000万只以下项目，及年生产3000t以下西式肉制品、2000t以下酵母、冷冻海水鱼糜项目。但是，"限制"并不是"淘汰"，"指导目录"只是限制新建某些食品生产和工艺，以及一部分年产量低的企业，并不涉及现有生产企业。

（5）《浓缩果蔬汁（浆）加工行业准入条件》（工业和信息化部公告〔2011〕27号）规定，新扩改建大宗加工水果蔬菜浓缩汁企业（项目）的生产线原料处理能力应大于 10t/h（或浓缩总蒸发量大于 8t/h）；浓缩果蔬浆、果蔬原浆及其他加工果蔬浓缩汁企业（项目）的生产线原料处理能力应大于 4t/h（或浓缩总蒸发量大于 3t/h）。

（6）《葡萄酒行业准入条件》（工业和信息化部公告［2012］22 号）规定，以鲜葡萄或葡萄汁为原料生产葡萄酒产品（不包括原酒）的新建企业（项目），其年生产能力应不低于 1000kL；新建葡萄酒原酒生产企业（项目），其年生产能力应不低于 3000kL。以购入葡萄酒原酒（包括进口葡萄酒原酒）为原料生产葡萄酒产品的新建和改扩建企业（项目），年生产能力应不低于 2000kL；新建酒庄酒生产企业（项目）年生产能力应不低于 75kL。

除此之外，食品行业尚未制定企业应达到的生产规模，因而给这些行业的节能减排及其审核带来困难。小型的酿酒、淀粉、食品、食品添加剂企业是难以筹建节能减排的一系列工艺与设备的，如，在线调控生产工艺主要技术指标、在线监控能耗、多效蒸发器浓缩高浓度废水、蒸汽再压缩工艺与设备、异味气体的治理、综合废水的生物处理、废弃物的贮存与运输、综合利用生产饲料与燃料的设备，因此要达到行业的节能减排平均水平有很大困难。

二、 发展玉米原料酿酒与发酵生产以利节能减排

1. 玉米生产酿酒与发酵产品有利于节能减排和综合利用

味精、柠檬酸、淀粉、淀粉糖、酒精（包括燃料乙醇）等产品可采用玉米原料全闭环工艺，综合利用生产玉米浆、玉米油、蛋白粉、纤维饲料，使用玉米芯生产低聚木糖产品，用淀粉乳（淀粉）生产发酵产品，工艺洗涤水实施梯级利用。可见，玉米原料及生产废弃物能进行有经济价值的综合利用，且生产取水量低。同时，由于玉米原料的利用，综合废水的污染负荷较低，因而给治理带来极大方便。

20 世纪 80、90 年代，酒精、柠檬酸生产原料的七成、九成来自红薯，后考虑到玉米综合利用的优越性及给废水治理带来方便，原国家计划委员会、中国轻工总会联合发布的《轻工业资源综合利用技术政策》（计原材［1997］2516 号）曾提出："酒精生产原料原以薯类为主调整为以玉米为主，以利于综合利用。"1995—1996 年，原中国轻工总会制定的《轻工业资源综合利用技术政策》《酿酒（发酵）工业环境保护与技术政策和污染防治政策》，都提出了类似内容。因而 1995—2005 年，酒精、柠檬酸生产原料的七成、九成来自玉米。2002—2005 年，筹建的四家燃料乙醇生产企业（年总产量 150万 t），原料全部来自玉米。燃料乙醇生产工艺与食用酒精基本相同，它能取代部分汽

油，缓解石油的紧缺，减少尾气排放的污染量。

《发酵行业清洁生产评价指标体系》（国家发展改革委公告〔2007〕41号）的"酒精生产原辅料"部分，是按脱胚玉米粉、玉米、小麦淀粉、薯干、木薯顺序排列评价得分，采用脱胚玉米粉得分最高。玉米同比非粮原料，产品得率高、生产能耗低、综合利用产品多、经济价值高，特别是玉米原料经综合利用后，综合废水处理达标排放同比非粮原料能耗低，处理一吨废水成本为2元以下，而非粮原料的综合利用产品经济价值很低，处理一吨废水成本高达10元以上。举例来说，玉米原料经分离干燥可生产胚芽油、蛋白粉，酒精糟浓缩干燥可生产蛋白饲料；非粮原料酒精糟经分离，滤液需采用厌氧与好氧为主的多级治理工艺，滤渣干燥只能生产燃料。

2. 非粮原料生产食品的节能减排指标应进一步提高

一段时间来，认为大规模使用粮食（玉米）生产燃料乙醇（食用酒精），将会影响我国的粮食安全。2005—2015年，确定了限制发展玉米原料生产燃料乙醇（食用酒精），大力发展非粮作物燃料乙醇（食用酒精）的方针，有关部门要求"坚持非粮为主，积极妥善推动生物燃料乙醇产业发展""积极开展以甜高粱、薯类、小桐子、黄连木、光皮树、文冠果以及植物纤维等非粮食作物为原料的液体燃料生产试点，推动生物柴油、生物燃气、生物质发电、生物质致密成型燃料等生物能源的发展……国家给予适当支持，稳步推进非粮燃料乙醇应用试点"。

但是，发展非粮原料生产酒精、燃料乙醇等发酵产品的生产实践有力地说明，非粮原料生产酒精、燃料乙醇等产品的能耗、环境指标远远不如玉米原料。这从国家能源局发布的《生物燃料乙醇行业环境污染控制评价技术方法》（NB/T 10012—2014）可以得到证实，从该评价技术方法的"不同原料生产燃料乙醇的能耗与出酒率"（表4-1）可以看出，同比纤维素质（即秸秆与玉米芯工业废渣）、高粱茎秆糖质、淀粉质原料生产1t燃料乙醇，能耗（水耗与综合能耗）、原料利用率、环境（废水量与酒精糟量）指标优差次序是淀粉质、高粱茎秆糖质、纤维素质。从表4-1中可以得出，100kg玉米与薯类淀粉生产酒精的量，一、二、三级评价指标（三级为最佳）分别规定为52kg、53kg、55kg，以玉米与薯类的淀粉含量65%（平均）计，需2.8~3.0t玉米或薯类生产1t酒精；100kg高粱茎秆糖质生产酒精的量，一、二、三级评价指标分别规定为48kg、50kg、51kg（三级为最佳），以高粱茎秆的糖质含量14%（平均）计，需14~14.9t高粱茎秆生产1t酒精；100kg秸秆纤维素质生产酒精的量，一、二、三级评价指标分别规定为32kg、35kg、38kg（三级为最佳），以玉米秸秆的纤维素含量32.5%（平均）计，则需 8.0 ~ 9.5t 玉米秸秆生产 1t 酒精；100kg 玉米芯工业纤维废渣生产酒精的量，一、二、三级评价指标分别规定为 34kg、37kg、40kg（三级为最佳），以玉米芯的工业纤维废渣纤维含量 17.5%（平均）计，则需 14.3 ~ 16.8t 玉米芯工业纤维废渣生产 1t 酒精。从表 4 – 1 还可以看出，随着生产燃料酒精原料的不同，以及生产 1t 燃料酒精原料处理量的增加，生产耗水量、废水产生量、酒精糟量都将增加，特别是单位产品综合能耗的一、二、三级评价指标，纤维素质燃料酒精同比淀粉质分别提高了 94%、78%、73%，上述分析同样适用于食品工业的酒精行业。

表 4 – 1　　　　　　　　不同原料生产燃料乙醇的能耗与出酒率

（摘自《生物燃料乙醇行业环境污染控制评价技术方法》）

资源能源利用	单位产品耗水量 /（m³/kL）		淀粉质	≤18	一级
				≤14	二级
				≤10	三级
			高粱茎秆糖质	≤20	一级
				≤15	二级
				≤10	三级
			纤维素质	≤40	一级
				≤35	二级
				≤30	三级
	单位产品综合能耗 （kgce/kL）		淀粉质	≤450	一级
				≤410	二级
				≤350	三级
			高粱茎秆糖质	≤400	一级
				≤350	二级
				≤300	三级
			纤维素质	≤780	一级
				≤730	二级
				≤680	三级
	原料（干基）利用效率（%）	100kg 淀粉、糖质、纤维素生产酒精的量	淀粉质出酒率	≥52	一级
				≥53	二级
				≥55	三级

续表

资源能源利用	原料（干基）利用效率（%）	100kg淀粉、糖质、纤维素生产酒精的量	高粱茎秆糖质出酒率	≥48	一级
				≥50	二级
				≥51	三级
			纤维素质出酒率	≥32（秸秆）	一级
				≥34（玉米芯工业纤维废渣）	一级
				≥35（秸秆）	二级
				≥37（玉米芯工业纤维废渣）	二级
				≥38（秸秆）	三级
				≥40（玉米芯工业纤维废渣）	三级
污染物产生	单位产品废水产生量（m³/kL）		淀粉质	≤14	一级
				≤11	二级
				≤8	三级
			高粱茎秆糖质	≤16	一级
				≤12	二级
				≤8	三级
			纤维素质	≤32（秸秆）	一级
				≤20（玉米芯工业纤维废渣）	一级
				≤28（秸秆）	二级
				≤16（玉米芯工业纤维废渣）	二级
				≤24（秸秆）	三级
				≤12（玉米芯工业纤维废渣）	三级
	单位产品酒精糟产生量（m³/kL）（综合利用前）		淀粉质	≤11	一级
				≤10	二级
				≤8	三级
			高粱茎秆糖质	≤11	一级
				≤10	二级
				≤8	三级
			纤维素质	≤22（秸秆）	一级
				≤14（玉米芯工业纤维废渣）	一级
				≤20（秸秆）	二级
				≤12（玉米芯工业纤维废渣）	二级
				≤18（秸秆）	三级
				≤10（玉米芯工业纤维废渣）	三级

还应指出的是，薯类（木薯）与玉米尽管都是淀粉质原料，生产酒精（燃料乙醇）的淀粉出酒率和能耗差不多。但是薯类同比玉米环境指标相差很大，玉米酒精糟能生产蛋白饲料，而薯类酒精糟滤渣干燥后只能生产燃料，综合利用价值低，高浓度废水需采用四级生化为主的多级治理工艺，运行费用高、处理难度很大。

纤维素质（包括玉米芯工业纤维素废渣）、高粱茎秆糖质生产燃料乙醇（酒精）作为一项长期的研发与攻关项目可行，但从节能减排和废水处理来说，尚未到大规模生产可以替代玉米原料阶段，更何况多年来陈玉米生产发酵产品尚未影响粮食安全。该结论也适用于食品工业的所有非粮原料。

非粮原料生产食品还应谈及马铃薯淀粉生产的污染环境。2016年2月25日，农业部下发了《关于推动马铃薯产业开发的指导意见》（农农发〔2016〕1号），指导意见提出把马铃薯作为主粮产品进行产业化开发，阐述了推进马铃薯产业开发的五条重要意义，特别是在发展目标中提到2020年，马铃薯总产量要达到1.3亿t。但是指导意见的"产业发展部分"制订的五条原则，尚未提出要符合节能减排原则，特别是综合废水要达标排放。应提出的是，马铃薯淀粉加工是消化马铃薯的主要渠道之一，到2020年全国马铃薯淀粉产量将达到100万t，但是马铃薯淀粉生产企业小、散、乱现象严重，年产量在5000t及以下的有120多家，2017年产量达到1万t及以上的仅11家（产量合计19.3万t），中小企业难以筹建一系列综合利用和完整的环保治理装置，因此这100多家马铃薯小型淀粉厂，大多数超标准排放废水，是当地的主要污染源之一。目前，不少马铃薯淀粉生产厂正在探索农灌途径解决废水排放。可见，马铃薯淀粉生产废水是要认真对待的。

3. 今后长时间酿酒淀粉生产应以玉米原料为主

《2018年中国玉米市场和淀粉行业年度分析及预测报告》（中国淀粉工业协会等单位联合发布）披露了，2017年全球玉米产量10.42亿t，比上一年减产0.33亿t，降幅3%。全球玉米种植面积1.85亿公顷，比上年略有下调；平均单产5650千克/公顷，比上年下降2.2%。中国是全球第二大玉米生产国，2017年的玉米产量为2.16亿t，占全球玉米产量20.7%。同时，为保障玉米市场的平稳运行，确定东北三省和内蒙古区实施"市场定价、价补分离"，补贴在120元~220元/亩；补贴饲料企业促进玉米消费，东北三省饲料加工1t配合饲料可获60元~180元补贴；出台玉米深加工产业鼓励政策，2017年新增玉米深加工产能1700万t；临储玉米拍卖成交5700万t，库存降至1.8亿t以下。采取上述措施后，玉米种值收益可望超过大豆。

《中国农业展望报告（2016—2025）》披露，2015 年、2016 年、2020 年、2025 年全国玉米产量分别为 2.25 亿 t（总消费量 2.25 亿 t 与工业消费 0.51 亿 t）、2.15 亿 t（总消费量 1.98 亿 t 与工业消费 0.56 亿 t）、2.06 亿 t（总消费量 2.22 亿 t 与工业消费 0.63 亿 t）、2.12 亿 t（总消费量 2.27 亿 t 与工业消费 0.55 亿 t），总消费量中工业消费主要是食品工业［味精、柠檬酸、淀粉、淀粉糖、白酒、酒精（包括燃料乙醇）］等的消费量，如果能达到《展望报告》阐述的"未来 10 年，中国玉米种植结构调整将取得明显成效，生产呈稳健状，消费需求从快速增长回归稳步攀升，供需形势从过剩逐步过渡到平衡偏紧，上下游产业展现均衡发展态势"，那么酒精与发酵产品生产以玉米为主要原料就是有基础的。

2017 年中央一号文件明确提出要坚定推进玉米市场定价、价补分离改革、调整种植结构，采取综合措施促进过腹转化、加工转化、多渠道拓展消费需求，为玉米去库存提出了思路。酿酒、淀粉、发酵生产，特别是酒精与燃料乙醇行业，可暂缓提倡"坚持非粮为主""燃料乙醇产业发展要以木薯、纤维素等非粮作物为原料"。

目前，国家发展改革委已取消了玉米加工项目的备案制度，玉米加工审批权下放至各省，并下达了《关于玉米深加工项目管理有关事项的通知》（国家发改办产业［2017］627 号），这给玉米原料生产酿酒、发酵、燃料乙醇项目的节能减排与环境治理提供了有利条件。2017 年 9 月，国家发展改革委、国家能源局、财政部等十五个部门联合印发《关于扩大生物燃料乙醇生产和推广使用车用乙醇汽油的实施方案》，提出到 2020 年，拟每年采用贮存过期的 3000 万 t 玉米生产 1000 万 t 燃料乙醇，这给玉米发酵生产酒精、燃料乙醇带来机遇。

三、 制定严格的节能减排国家标准引领食品工业清洁生产

2004 年以来，国家有关部门和行业协会制订的涉及食品工业节能减排各类标准 35 个，其中包括：6 个行业取水定额，11 个中类行业（涵盖了 33 个行业）的发展指导意见、产业政策、准入条件、综合能耗限额、清洁生产评价指标体系，10 个行业清洁生产标准，8 个行业污染物排放标准。同时，全国所有省都制定了食品行业的取水定额，部分省还制定了部分食品生产的能耗限额。

纵观已发布的各类标准与定额，存在的主要问题如下：

（1）到目前为止，制定的各类标准与定额尽管有 30 多个，但是重复较多，实际上就属 7 个中类行业（酒类、发酵、淀粉、制糖、饮料、乳制品、食用植物油）。应指出

的是，中国饮料工业协会制定的《饮料制造综合能耗限额》，涵盖了管辖的10个小类行业的指标值和定额，尽管个别数值还有商榷的地方，但总体是一套比较完整的、系统的节能标准，有参考价值，特别是尚未分别发布10个小类行业综合能耗限额；工业和信息化部制定的《乳制品工业产业政策》涵盖了乳制品行业管辖的6个小类行业的能耗限额，也是一套比较完整的、系统的节能标准。

已发布的食品行业清洁生产标准、清洁生产指标体系往往只是一个小类行业，缺少同一中类行业的其他行业，如，啤酒、葡萄酒、白酒、酒精行业分别只是酿酒行业的一个行业，但分别制定了四个清洁生产标准予以发布，从行业归口出发，实际上只要制定一个酒业（包括酒精、白酒、啤酒、葡萄酒、黄酒、果酒行业）清洁生产指标体系；淀粉清洁生产标准只是玉米淀粉，缺少马铃薯、小麦、木薯淀粉行业；制糖清洁生产标准只是甘蔗制糖，缺少甜菜制糖与原糖和淀粉糖行业。已发布的酒精、味精、柠檬酸组成的发酵行业清洁生产指标体系，从发酵行业归口分析可不列入酒精行业，但缺少酶制剂、酵母等行业，实际上只需要制定一个发酵行业清洁生产指标体系，包括：味精、柠檬酸、酶制剂、酵母、酵素等行业。

（2）大部分食品行业的能源消耗指标或标准尚未考虑料液和冷却水的热焓回收，特别是二次蒸汽热焓的回收，因此，制定的生产单位产品的能源消耗指标值和定额，以及废水产生量的指标值普遍偏宽，指标值和标准达不到引领全行业的作用。

（3）各类标准制定的指标值和定额考虑产品种类与生产工艺两大要素可行，但是要重视不同原料、生产工艺导致不同的指标值和定额。如：（1）白酒、葡萄酒行业的原料要区分是农副产品，还是购置白酒原酒、葡萄酒原酒生产产品；（2）味精（氨基酸）、有机酸、淀粉糖等行业的原料要区分是玉米，还是购置淀粉生产；（3）制糖行业的原料要区分是甘蔗、甜菜，还是购置原糖生产；（4）果蔬汁饮料行业的原料要区分是农副产品，还是购置浓缩果蔬汁等生产或配制产品；（5）白酒、黄酒、畜禽屠宰等行业的生产工艺要区分是手工操作还是机械化自动化，以及半机械化自动化生产；制糖、味精、柠檬酸、淀粉、淀粉糖等行业的生产工艺要区分是间歇操作还是自动化生产。可见指标值和定额的制定应遵循同一产品不同原料、规模、工艺、产品的原则进行分析。

（4）酒精、啤酒、味精、制糖等产品的节能减排主要指标值在取水定额、清洁生产评价指标体系、清洁生产标准中都有反映，但指标值在各类标准中不一致。

（5）国家与地方有关部门、行业协会制定的同一食品行业取水定额、能耗标准指标值不一致，特别是地方制定的部分指标值宽于国家层面，给使用带来困难。

到目前为止，饮料与乳制品两个中类行业已基本完成制定生产吨产品能耗值和定额；有 5 个中类行业（酿酒、发酵、淀粉、制糖、植物油）待补充管辖的小类行业，还有 10 个中类行业（罐头、盐业、焙烤食品糖、脱水与速冻果蔬、米面制品与方便食品、调味品、屠宰与肉类制品加工、水产品加工、饲料加工、食品与饲料添加剂）尚需制定生产每吨产品消耗资源与能源的指标值与定额。显然，食品工业 56 个小类行业无需每个行业都制定一个节能减排指标值和定额发布。只需集中力量制定一个严格的食品工业（包括 17 个中类、56 个小类行业）节能减排标准和定额，如有困难也只需制定 17 个中类行业的，并可在国家发展改革委、环境保护部、工业和信息化部联合编制的《清洁生产评价指标体系》的"资源能源消耗指标""污染物产生指标""清洁生产管理指标"部分予以反映。其他各种类型标准、指标、文件如需要只需引用。

四、　科学地进行食品生产工艺与能耗的匹配

食品企业的生产布局需结构紧凑，生产区按照原料的流向顺序设计，工艺流程尽可能短，以缩短物料输送和供能距离。各种料液的输送应重视势能带来的节能效果。同时还应注意以下方面。

（1）生产或部分工段需采用自动化、机械化、连续化、智能化生产。节能减排工艺、技术、设备应遵循国家有关部门发布的《节能减排与低碳技术推广项目》《国家鼓励发展的资源节约综合利用和环境保护技术》《国家鼓励发展的重大环保技术装备》《国家鼓励的工业节水工艺、技术和装备》《国家工业节能技术装备推荐目录（2017）》《国家先进防治示范技术》，淘汰落后的和明令禁止使用的耗能设备与产品。

（2）加热蒸汽压力需与单元操作使用压力匹配；生产设备要与生产量匹配；料液采用蒸汽浓缩与干燥生产食品，料液浓缩达到的浓度尽可能高些，以节约干燥的能耗。

（3）国家发展改革委发布的《重点用能单位节能管理办法》（国家发展改革委，2018 年 15 号令）提出，年综合能耗消费总量 5000 到 1 万 tce 和 1 万 tce 及以上的两种类型重点用能单位，分属国务院有关部门或省、自治区、直辖市人民政府节能部门和国家发展改革委监督管理，必须建立能耗在线监测系统，提高能源管理信息化水平。食品工业的大中型酿酒、发酵、淀粉、淀粉糖、制糖、饮料（浓缩）、盐业、肉类加工等生产企业，均在此列，在线监测系统给企业节约生产能耗、能耗衡算、节能评估带来极大方便。如何实施能耗在线监测系统，可参阅《重点用能单位能耗在线监测系统推广建设

工作方案》（国家发改委环资〔2017〕1711 号）。

《国家鼓励的工业节水工艺、技术和装备目录（第二批）》（工业和信息化部公告〔2016〕21 号），介绍了一些企业建立水资源监控管理中心，采用先进的自动化、信息化技术，统一与调度全企业给排水，实现了节水降耗。"制糖企业热能集中优化控制节能技术"和"过程能耗管控技术"都已列入《国家重点节能低碳技术推广目录（2017年　节能部分)》（国家发展改革委公告〔2018〕3 号），前项技术介绍了糖厂热力系统的网络化、自动控制，并运用线性规划对主要热能消耗工段进行集中优化控制，提高了能源利用效率；后项技术介绍了生产工艺能源参数实时测量、监测、管理，发现并消除无效能耗，管控低能效行为，实现用能效率的提高。

山东某生物科技有限公司年生产功能糖 13.2 万 t，2013—2015 年，进行能源输送、消耗在线控制系统改造，以及关键生产节能工艺改造，项目完成后年节水 12 万 m^3、节电 128 万 kW·h、节约蒸汽 2.15 万 t，节约能源折合标煤 3551tce，在原耗能基础上节约标煤 8.5%。同时，减排二氧化碳、二氧化硫分别为 9430t、30.8t。

五、 大力回收生产工艺排出的二次蒸汽 （低压蒸汽） 热焓

食品生产基本上都有与"加热"有关的工艺，加热蒸汽潜热用于与加热有关工艺外，尚有部分潜热转化为二次蒸汽热焓，应提高压力后继续用于生产，以达到较大幅度节约蒸汽。企业要根据具体情况大力回收料液加热及冷却工艺的热焓（显热），以及浓缩与冷却工艺、结晶与冷却工艺、灭菌工艺、产品与固体废弃物干燥工艺的二次蒸汽热焓。目前，高效利用中等程度低压（0.3～1.3MPa）、低等程度低压（0.035～0.3MPa）的二次蒸汽热焓已成为国内外节能的重点研究和攻关方向。

现介绍几种二次蒸汽热焓再利用工艺与装置。

1. 气体喷射压缩工艺 （TVR、 热泵） 回收二次蒸汽热焓

二次蒸汽经喷射压缩（TVR）工艺与装置加压后继续用于各种加热工艺，从而达到减少使用加热蒸汽。

2. 机械压缩工艺 （MVR、 热泵） 回收二次蒸汽热焓

二次蒸汽直接使用机械压缩工艺（MVR、热泵），即采用单效（多效）蒸发器—热泵装置，将二次蒸汽提高压力后继续用于浓缩等加热单元操作，达到不再使用加热蒸汽，同时不再产生二次蒸汽及其冷凝水，因此也无需冷却水。

3. 多效蒸发器浓缩工艺回收二次蒸汽热焓

将 1kg 水在 0.1MPa 下蒸发成 1kg 蒸汽，尚需 1kg 蒸汽。而采用双效、三效、四效、五效蒸发器蒸发 1kg 水，分别只需 0.5kg、0.33kg、0.25kg、0.20kg 蒸汽（实际消耗蒸汽量比理论值高出 10% 左右），因此可分别节约 50%、67%、75%、80% 的蒸汽。多效蒸发器同比单效蒸发器，能多次使用二次蒸汽热焓达到节能。

4. 低温多效蒸发装置 （MED） 回收二次蒸汽热焓

将生产企业产生的二次蒸汽（0.035～0.3MPa 与 26～67℃）采用低温蒸汽再压缩装置（TVR 或 MVR）与多效蒸发装置联用浓缩物料，即二次蒸汽通过再压缩，将压力提高到一定程度后，继续作为多效蒸发器的加热蒸汽。

5. 反渗透—多效蒸发器浓缩饮料生产的料液

先用反渗透装置处理饮料原料液（包括稀果汁等）到一定浓度，再将此浓缩液采用多效蒸发器浓缩到规定的浓度。从总体讲，反渗透—多效蒸发工艺比单独使用多效蒸发工艺节能。该工艺的反渗透稀液可与原料液混合再次进反渗透装置生产浓缩液，前后两工艺各有优势，即在较稀果汁浓度时反渗透技术有优势，反之，多效蒸发器有优势，特别是浓缩液浓度高，反渗透工艺与设备将承受较高压力，影响膜效率和寿命，但反渗透技术只耗电不使用蒸汽，能达到节约蒸汽的目的，而单独使用多效蒸发器则能耗较高。

目前，河南某果业有限公司将果汁浓缩采用反渗透—多效蒸发联合工艺。即先将苹果汁（9°Bx）用反渗透工艺浓缩到 20°Bx，然后再用多效蒸发器浓缩到 70°Bx，每吨浓缩果汁原来只采用多效蒸发器耗标煤 500kgce，采用联合工艺可节约标煤三成以上。

6. 冷却工艺回收二次蒸汽热焓

如暂时无条件采用二次蒸汽再压缩工艺，那只能采用冷却设备回收工艺，即用冷却水与二次蒸汽进行热交换成热水，回收部分二次蒸汽热焓。

7. 高低热焓物料热交换

将二次蒸汽与需要提高热焓的物料进行热交换，以提高物料的温度。还可采用高效的喷射交换工艺，由低热焓冷却水与高热焓二次蒸汽进行交换，热水用于生产。

应着重指出的是，只要采用二次蒸汽再压缩工艺与装备（即 TVR、MVR）后，不再有二次蒸汽产生，也就不需要耗用大量冷却水将二次蒸汽冷却成冷凝液，再进入废水治理工艺，从而节约了大量水耗。除此之外，单独采用多效蒸发器回收利用二次蒸汽热焓，最后一效蒸发器仍将产生具有一定热焓的二次蒸汽，仍需考虑回收利用才行。

高低热焓物料的喷射热交换工艺，二次蒸汽热焓可被交换入冷媒液体（水），该方法可行，但并不合理，只有将二次蒸汽通过机械与喷射压缩，提高压力（温度）后作为加热蒸汽继续用于生产才有较高的经济效益。

六、 提高材料设备管道的导热给热传热系数

为提高和稳定材料的导热系数、加热与蒸汽冷凝设备的给热系数、热交换器的传热系数，降低热能消耗，必须严格对各种加热、蒸发、结晶、干燥、灭菌、热交换设备、输送管道定期除垢，摸索各种加热设备与蒸发器结垢周期，通过控制工艺与操作降低结垢临界点，运用结垢周期及时进行清洗。食品生产企业的热力输送可采用纳米绝热层、复合保温结构、隔热支架，减少蒸汽输送过程中的热损耗量。"换热设备超声在线防垢与除垢技术""蒸汽节能输送技术"均已列入《国家重点节能低碳技术推广目录（2017年　节能部分）》（国家发展改革委公告［2018］3号）。

目前盐业生产已将三相流分效预热防结垢节能技术用于卤水预热系统。盐业生产的预热器加热管内表面容易形成严重的垢层，原因是卤水中除含有主要成分氯化钠外，还含有大量的钙、镁和硫酸盐等杂质离子，当卤水被加热时，这些杂质将在预热系统中产生结晶析出，并附着在预热器传热表面形成垢层，影响传热，使生产难以连续进行。若采用卤水净化工艺，则将增加生产成本。三相流分效预热防结垢节能技术，是采用多效蒸发器（卤水浓缩）产生的二次蒸汽提高预热器的卤水预热温度，即加热管在沸腾状态下的换热，卤水固体颗粒与管壁接触、摩擦、碰撞，形成大量的汽化核心，使气泡从加热管面上跃离，加强对流动边界层的扰动，破坏流体流动的边界层，提高对流传热系数，同时，还有利于沸腾状态下固体颗粒与管壁的接触及颗粒与颗粒之间的接触，形成更多的汽化核心，使固体颗粒对流体扰动并促使气泡从加热壁面上跳跃分离，从而有利于沸腾传热的进行。防止和减缓污垢在管道的吸附沉积，强化对流传热，提高热效率，防止结垢。该技术已列入"盐行业三相流分效预热防结垢节能技术推广实施方案"（工业和信息化部节［2010］26号），全国已投资12亿元筹建真空制盐企业的48条生产线。

七、 采用国家地方行业推荐的节电设备和工艺

各类水泵、电机、空压机、冷冻机、风机、发酵罐、搅拌器、固液分离机械等用电设备均采用节能型，并应用变频恒压技术，控制系统采用自动控制。绿色照明选用发光

效率高、显色指数适中、启动快捷的灯具，并配备节电型电子镇流器。

变频恒压技术是根据电机转速与工作电源输入频率成正比的原理，通过改变电机的电源频率改变电机的转速，达到较大幅度节电。同时能提高自动控制系统的稳定性、降低设备故障率。"变频优化控制系统节能技术"已列入《国家重点节能低碳技术推广目录（2017 年　节能部分）》（国家发改委公告［2018］3 号）。

目前，除酒类以外的发酵产品生产，大多采用深层（好氧）发酵，需采用耗电量高的大功率压缩机提供洁净无菌空气（只利用其中氧）。为节约电能，生物发酵拟大力研发厌氧发酵工艺替代好氧发酵工艺；大力建设食品冷链（冷冻加工、冷冻贮藏、冷冻运输与配送、冷冻销售）；食品（水产品、蔬菜、肉类）的冷冻冷藏采用多物理场的流场耦合工艺（包括节能控温系统和新型融霜工艺）、蒸发式冷凝器和吸吹式空气幕。

八、　合理利用水与冷却水和生产再生水

生产工艺采用梯度用水，如，稍经处理的低污染水与冷却水可用于拌料与各种洗涤，也可继续回用于冷却系统；加热蒸汽冷凝水可继续返回锅炉使用；洗涤果蔬原料采用逆流洗涤工艺；洗涤果蔬水与洗瓶水经机械格栅除杂、混凝沉降、机械过滤、消毒杀菌达到标准后继续用于冲洗车间地面、卫生间。

将符合国家排放标准的废水经深度处理（膜技术）后，达到再生水标准应用于冷却用水、杂用水等方面。

"啤酒行业再生水冷却水综合利用技术（生物与膜分离）""氨基酸废水高效生化再生回用技术（砂滤与反渗透）""木糖（醇）工艺节水技术（多级混凝与生物炭加纤维过滤）""饮料行业处理原水的反渗透浓水回收技术（加压膜技术）""低聚异麦芽糖节水技术（膜过滤与循环利用）""糖厂水循环及废水再生回用技术""魔芋深加工节水技术（生产工艺调整和酒精循环使用）""柠檬酸发酵废水集成膜再生回用技术（抗污染超滤膜与回用）"等均已列入《国家鼓励的工业节水工艺、技术和装备目录（第一批）》（工业和信息化部公告［2014］9 号）。"工业冷却循环水系统节能优化技术"已列入《国家重点节能低碳技术推广目录（2017 年　节能部分）》（国家发改委公告［2018］3 号）。

九、　加强节能减排的科研与开发

食品工业节能减排的研究重点是提高原料利用率和产品收得率，以及提高实物能源

的利用率，降低单元操作的能耗；研发重点是节能减排的新工艺、新设备、智能化技术，如，研发生产工艺参数与能耗指标的在线控制和监测，研制高速灌装装备生产线、高速全自动吹瓶灌装旋盖一体机、高速 PET 瓶生产技术及装备，特别是研制不同类型、压力、处理量范围的二次蒸汽再压缩（机械与喷射）技术与装置。

十、 加强节能减排的组织与管理

认真加强食品生产的能源使用与管理、生产工艺技术的调控、节能设备选型与使用、废弃物回收利用、综合废水处理达标排放。

食品生产企业节能减排的组织与管理，应按企业耗能实际需要建立节能减排办公室、处、科。节能减排办公室、处、科需精通本企业能源与能耗的衡算，特别是加热蒸汽潜热与消耗的热焓、二次蒸汽热焓的衡算，同时，还要熟悉本行业节能减排的动态，以及新工艺、新设备、新技术。

第二节   节能减排的生产工艺

食品工业节能减排的先进生产工艺，主要包括降低食品生产的能耗和减少污染物排放的工艺与技术，如，改进生产工艺提高产品收得率、采用高效菌种提高发酵率、高浓度糖化醪发酵生产产品、自动化机械化连续生产、发酵成熟醪差压蒸馏装置生产酒精、发酵液采用连续离子交换和色谱分离技术。本节介绍 19 项有关的节能减排先进生产工艺和技术。

一、 应用先进的生产工艺提高发酵产率和产品收得率

改进生产工艺，提高食品和发酵产品（包括中间产品）收得率，同比传统生产的低收得率，降低了生产能耗与污染物排放。举例如下：

（1）饮料生产采用先进的液压榨汁机械和酶解工艺提高果蔬出汁率；食用植物油生产的毛油精炼采用高效离心机提高分离出油率，降低了生产能耗与污染物排放。

（2）食品生产如能回收工艺中损失的少量产品，也可提高产品收得率，如淀粉生产采用自然沉降工艺回收漏失的淀粉，酒类生产回收各种残酒，肉类与植物油生产回收蛋白质、油脂。

（3）发酵生产采用新型高效菌种，如啤酒、味精、白酒、酒精、氨基酸行业生产

分别选用"高效抗逆酵母菌种""高性能温敏型菌种""生物固定化增殖细胞""高温酵母""高遗传性状稳定菌株",均能提高发酵产率,降低生产每吨产品的能耗和污染物排放。

（4）异麦芽酮糖生产采用克雷伯新菌株替代传统菌株,发酵液无需用离子交换树脂分离,直接可浓缩结晶生产异麦芽酮糖产品,大大降低生产能耗,减少用水。

"异麦芽酮糖发酵工艺优化技术"已列入《国家重点节能低碳技术推广目录（2015年和2017年　节能部分）》（国家发展改革委公告［2018］3号）。

（5）苏氨酸生产采用代谢工程结合诱变与高通量筛选技术,定向选育出高产酸（150g/L）与高转化率（60g/L）的遗传性状稳定的苏氨酸生产菌株,使提取收率达到88%、原料玉米消耗量与生产能耗降低一成、有机污染物排放量减少一成且无高氨氮废水产生。

"苏氨酸高效生产新技术与新工艺"已列入《水污染防治重点行业清洁生产技术推行方案》（工业和信息化部联节［2016］275号）。

二、　高浓度糖化醪与高温发酵的节能生产

发酵生产（酒精、啤酒、味精、柠檬酸、酶制剂等）是将玉米、薯类、大米等粮薯原料,先加水配料,然后经液化（100℃）、糖化（60℃）、发酵（保持30～35℃一段时间）,再经分离与提取生产产品。可见,为将液化醪从100℃冷却到60℃,再将糖化醪从60℃冷却到30℃,同时,保持发酵温度（30℃左右）,均需大量的冷却水。如能降低拌料水比进行高浓度醪液糖化、高温度（40℃）发酵生产各种产品（均只需在原生产设备的基础上稍加以改进）,则就可降低大量能耗和冷却水用量,还可提高发酵成熟醪（母液）的产品含量。现介绍几种高浓度糖化醪与高温发酵的节能节水生产。

（1）酒精行业部分生产企业采用浓醪发酵工艺,将拌料水比从原来的1∶3.5降低到低于1∶2.5,取消喷射液化工艺,采用新型粉浆液化设备提高料液的机械活化功能,以其独特的固液分离装置实现淀粉颗粒的分离,并与酶作用被分解,以达到降低醪液黏度。发酵成熟醪酒精分可达到15%,节约蒸汽消耗量和冷却水用量40%。同时,也大幅度减少废水排放量。另外,部分酒精生产企业采用高温度发酵,将发酵温度由30℃提高到40℃,也节约了大量冷却水。

"高浓醪酒精发酵技术"已列入《水污染防治重点行业清洁生产技术推行方案》（工业和信息化部联节［2016］275号）。

（2）啤酒生产企业传统发酵的麦汁浓度是 8～12°P，部分企业通过选育耐超高浓度啤酒酵母菌株，开发高辅料比（70%）的麦汁制备，采用酒花预异构化技术提高酒花利用率，进行超高浓度麦汁充氧技术，并建立了超高浓度酿造啤酒质量保障体系，实现了高浓度和超高浓度发酵后用水稀释工艺，麦汁浓度达到 13～17°P（甚至更高），降低生产能耗和冷却水用量 20% 以上。

"超高浓度酿造啤酒技术"已列入《节能减排与低碳技术成果转化推广清单（第二批)》（科学技术部公告［2016］2 号）。

（3）味精企业传统发酵生产采用生物素亚适量工艺（菌种是生物素缺陷型），该工艺以生物素为发酵控制的重要的生长因子，需严格控制用量，但其发酵液产谷氨酸率低（13%～14%）、糖转化谷氨酸率低（58%～60%）。目前企业采用谷氨酸温度敏感型菌种进行发酵，通过物理转换（改变温度）培养生产谷氨酸，发酵稳定，发酵周期短，发酵液产谷氨酸率高（17%～18%）、糖转化谷氨酸率高（65%～68%），从而大大提高设备利用率，同比生物素亚适量工艺降低生产能耗和冷却水用量三成。

（4）柠檬酸等发酵行业也可在不同程度地采用浓醪发酵工艺。

（5）传统糖蜜酵母发酵工艺，酵母生长最终浓度在 200～220g/L。应用高浓度发酵技术，是基于酵母发酵"热区"理论，通过扩大发酵"热区"，增加"热区"中"氧"的供给，让更多的糖和营养物质转化成酵母，提高酵母发酵产率，降低单位产量水耗、能耗。酵母生长最终浓度可以达到 290～320g/L，生产设备利用率提高五成，酵母发酵工艺单位产品水耗、能耗降低 42%～50%。

"酵母工业高浓度发酵系统节水工艺"已列入《国家鼓励的工业节水工艺、技术和装备目录（第一批)》（工业和信息化部公告［2014］9 号）。

三、 自动化连续生产

1. 机械化连续白酒生产

采用机械化白酒生产工艺替代传统的手工作坊式生产工艺。利用自动化控制技术，将原料从泡粮、输送、带压蒸煮、摊凉、加曲、糖化、冷却、槽车发酵、蒸酒、勾调整个酿造工艺，进行信息化标准控制，提高发酵效率，保持白酒质量和产量的稳定。白酒生产的机械化、自动化、智能化、信息化改造，还包括：原料粉碎与制曲工艺机械化、酿造设备与车间的升级与改造、勾调自动化控制，以及冷却水循环利用、微生物制剂生物法降低白酒糟水分（降至 35%）、白酒糟综合利用（燃料）。

该技术同比传统工艺降低生产粮耗一成；提高出酒率 4%；降低有害成分（高级醇）量三成；生产每吨白酒降低原煤消耗三成、减少废水排放量四成、节约人力七成。

"机械化连续白酒生产技术"已列入《水污染防治重点行业清洁生产技术推行方案》（工业和信息化部联节〔2016〕275 号），"白酒酿造副产物清洁化生产工艺与关键技术""固态法小曲白酒机械化改造技术"均已列入《工业清洁生产关键共性技术案例（2015 年 PPT 展示版）》（工业和信息化部节能与综合利用司）。

2. 机械化连续黄酒生产

在传统黄酒生产基础上，应用标准化粮食仓储技术替代散装；利用回收的热水泡米，缩短浸米时间；为节约电力，将整个发酵车间制冷方式改为单个发酵罐冷却控制，并将三级能效（性能系数 4.8）的螺杆冷水机组更换为一级能效（性能系数 5.7）的满溢式螺杆冷水机组；采用热交换工艺回收蒸饭机的二次蒸汽热焓；机械化高压洗涤酒坛替代人工清洗；热酒灌装。黄酒生产机械化、自动化、智能化、信息化改造，还包括：原料粉碎机械化、生麦曲工艺机械化、大罐发酵、压滤系统自动化、物料运输管道化、酿造设备与车间的升级与改造。黄酒自动化连续生产技术，将制曲（生曲和熟曲）、蒸饭、发酵、压滤、洗涤、灌酒整个酿造工艺，实现自动化连续生产替代间歇生产，提高了大曲质量和生产效率。

该技术同比传统生产，降低生产粮耗三成；无黄酒挥发，提高出酒率 0.5%；发酵罐单罐冷却同比大车间冷却，节电 0.5%；生产 1t 黄酒降低标煤消耗六成、节水七成。

"机械化连续黄酒生产技术"已列入《水污染防治重点行业清洁生产技术推行方案》（工业和信息化部联节〔2016〕275 号）。

3. 味精生产的连续结晶锅

味精传统生产的精制液浓缩结晶，由于结晶温度、晶体大小等要求，普遍使用的是间歇式结晶器，它是一种带有加热、冷却、搅拌装置的常压设备，该结晶器从加热形式来说，实际上就是单效蒸发器。目前，企业已研发出味精连续结晶罐，通过改进结晶罐结构，将列管式加热器置于导流筒内直接加热，并通过水翼型轴流搅拌器，形成强制内循环，搅拌效率高、蒸发效率高；分离器内设置结晶型淘洗器，根据出料量调整晶体的大小；结晶罐外侧设双层夹套，加大换热面积，热能利用率高；并实行全自动控制。

该技术使结晶产量提高 48%，汽耗降低 45%，生产 1t 产品能耗降低 0.15tce，热量和设备利用率大大提高，产品结晶强度明显增加。

"高效节能味精连续结晶锅"已列入《节能减排与低碳技术成果转化推广成果清单

（第二批）》（科学技术部公告［2016 年］第 2 号）。

4. 全自动连续煮糖与集成控制技术

糖厂普遍采用传统的间歇式结晶（煮糖）技术，每一罐煮糖需严格控制不同时期的蒸汽压力，蒸汽波动大，锅炉热效率低；且糖膏从结晶罐排出后，罐需清洗，再重复下一罐操作，劳动强度大，产品质量不稳定。

全自动连续煮糖工艺，采用 VKT 立式煮糖罐，该罐自下而上由四个连通带有搅拌器的结晶罐组成，糖浆连续加入各罐，符合要求的糖膏从底部连续排出，实现连续结晶。各罐都装有旁路系统，可单独清洗某一个罐，其他罐照常工作。该工艺煮糖时间有所缩短，糖分损失小，提高了产糖率；传质、传热效果好，汽耗降低一成以上；生产稳定性好；设备利用率高；减轻了劳动强度。生产 1t 甘蔗糖节约能耗 30kgce。

另外，利用信息化技术改造提升传统制糖行业，使企业的经营管理、生产控制得到最大限度的优化，其内容包括原料进厂检验、生产全程自动控制、热力系统网络化、产品在线检测等，实现制糖全过程自动控制，提高生产稳定性，大幅度降低能耗。制糖过程集成控制系统，可大幅度提高生产稳定性，糖原料产糖率提高 0.1% ~ 0.3%，能耗降低 10% ~ 15%。

"全自动连续煮糖与集成控制技术"已列入《轻工行业节能减排先进适用技术指南和应用案例》（工业和信息化部 2012 年 9 月，无文号），还列入《国家重点节能低碳技术推广目录（2017 年　节能部分)》（国家发展改革委公告［2018］3 号）。

5. 机械化连续生猪屠宰生产

生猪屠宰生产的热水烫毛工艺产生废水量大、烫猪水重复使用易交叉污染、脱毛效率差（80% 左右）；生猪屠宰存在猪毛运送过程出现遗洒；生猪电麻后有荐骨、尾骨断裂现象。机械化连续生猪屠宰生产包括用全自动高频电击晕机、同步连续式真空采血装置、自动控温蒸汽烫毛隧道、履带式 U 型打毛机、自动定位精确劈半斧等工艺组成。

该自动化设备屠宰 1t 猪节约用水 1.3t，即减少排放废水 1.3t；生产 1t 猪肉增加回收猪毛 20kg（回收率由 80% 提高到 95%），并降低生产成本二成。

6. 液体聚酯（PET）瓶一体化包装节水技术

饮料生产使用的液体 PET 瓶，可采用轻量化、高速瓶坯加热、高速吹瓶、灌装与氮气填充、高速旋盖、高速视觉检测、同步控制等技术，并采用伺服系统和星轮传送，实现轻量化 PET 瓶的吹制、灌装、旋盖一体化集成技术。达到节水 70%。

该技术适用于包装饮用水、茶饮料、果蔬汁饮料和含气饮料行业。"液体 PET 瓶包装节水技术"已列入《国家鼓励的工业节水工艺、技术和装备目录（第一批)》（工业和信息化部公告［2014］9号）。

四、 酒精发酵成熟醪差压蒸馏装置

传统酒精生产将发酵成熟醪经蒸发设备蒸馏酒精蒸汽（78.3℃），需经四个冷凝冷却器冷却成酒精，该工艺蒸馏酒精质量不够稳定，生产1t酒精耗蒸汽4~5t，并需冷却水30~40t。差压蒸馏工艺是利用数个蒸馏塔不同压力差进行蒸汽梯级利用和热能交换（类似多效蒸发），该工艺生产1t酒精只需耗蒸汽3t，耗用冷却水10t。

五、 发酵液采用色谱和连续离子交换分离技术

1. 柠檬酸生产

传统柠檬酸生产的发酵液提取技术是采用钙盐沉淀法，即将碳酸钙加入发酵液中和生成柠檬酸钙与其他杂质分离，然后滤去中和液（废糖液），并用大量水洗涤柠檬酸钙，接着，再将柠檬酸钙酸解精制浓缩结晶生产柠檬酸，该工艺需耗用大量洗涤水。

柠檬酸生产采用新型色谱分离技术，是将发酵液通过色谱柱（吸附能力强、抗污染能力强）与其他杂质分离，然后再用热水解吸色谱柱，将解吸液精制浓缩结晶生产柠檬酸，该工艺同比传统工艺，柠檬酸提取收率可提高到92%以上、节约用水16%（生产1t柠檬酸节水5m³）、综合能耗降低12%以上、减少淀粉原料4%。

"色谱法提取柠檬酸新工艺"已列入《2008年国家先进防治技术示范名录》，"色谱法提取柠檬酸技术"还列入《2013年国家先进防治技术示范名录》。

2. 淀粉糖生产

传统淀粉糖生产母液需用离子交换树脂进行分离杂质，将分离杂质后的淀粉糖母液再进行干燥生产产品，离子交换树脂需定期进行洗涤、处理、再生，可见处理水量与再生试剂用量大，且树脂流失量大。连续离子交换原理是将原有的固定床中的整段树脂分割成若干段，不同段树脂在同一时间发挥不同作用，使原有固定床的交换、水洗、再生等各个工段整合在一台系统设备中，利用原来闲置的树脂进入生产，大幅度提高树脂利用率，减少化学试剂消耗量，节约了水资源。淀粉糖物料与树脂处理工艺优化，可采用移动床连续离子交换（ISEP）工艺，糖液自动完成一个完整的离子交换过程，大大提高了离子交换效率，消除了树脂死角，从而提高产品收得率，减少了离子交换树脂用量，并减少处理试剂三成与降低处理用水量五成。

另外，同时分离提纯结晶葡萄糖母液中葡萄糖、低聚糖、果糖，还可采用模拟移动床（SMB）色谱技术，可将结晶葡萄糖的收率由85%提高到98%，使原料利用率达到99%以上，从而提高了提取母液的糖浓度和干物质浓度，减少污染物的排放。

"果糖生产连续离子交换技术"已列入《国家鼓励的工业节水工艺、技术和装备目录（第一批）》（工业和信息化部公告［2014］9号），"连续离子交换技术在淀粉糖精制过程中的应用示范""色谱分离技术在淀粉糖生产的应用"均已列入《水污染防治重点行业清洁生产技术推行方案》（工业和信息化部联节［2016］275号）。

第三节　节能减排的设备与装置

食品工业节能减排的设备与装置，主要是用于各种单元操作，如，节能减排工艺使用的各种多效蒸发器、两次蒸汽再压缩（机械与喷射）技术、冷冻浓缩技术、热交换器装置，以及利用冷却塔、冷水机组回收冷却水的设备。本节介绍6种有关设备与装置。

节能减排工艺选择何种节能设备与装置，需在加热蒸汽潜热与消耗热焓操作的衡算基础上，测得料液与二次蒸汽的热焓，根据具体情况进行计算和确定。

一、两次蒸汽（低压蒸汽）的机械压缩设备

1. 两次蒸汽的产生及冷却

食品工业的大部分行业，生产工艺常采用加热设备、加热提取设备、灭菌设备、蒸馏塔、多效蒸发器、结晶器、干燥机，这些设备的使用将会产生大量的两次蒸汽。同时，两次蒸汽需耗用大量的冷却水才能被冷却成冷凝液，而冷却水吸收两次蒸汽热焓后，又需经降温处理后才能重复利用。冷却水降温处理可采用冷却池、冷却塔或其他冷却工艺（溴化锂冷却机组等），需要投资、能耗、运行成本，在冷却水温度和室温较高时，处理冷却水的能耗和运行成本也较高。

可见，食品生产的冷却工艺最好能不使用大量冷却水，并能回收利用二次蒸汽热焓。最近10年来，不需用冷却水的两次蒸汽再压缩技术（热泵）已在某些食品企业应用（味精生产发酵母液的浓缩、制盐生产井矿盐卤的浓缩、柠檬酸和酵母生产发酵废母液的浓缩），拟进一步推广，即在有两次蒸汽产生的场合都可应用。

2. 单效与多效蒸发器

目前，浓缩工艺采用单效蒸发器的已较少，这是因为单效蒸发的加热蒸汽将料液加热沸腾后，产生的大量二次蒸汽（汽化潜热2258kJ/kg、100℃）尚未得到利用，有的被冷却后排放，有的干脆直排大气，热能浪费很大。浓缩工艺采用较多的是多效，即二、三、四效蒸发器，即将加热蒸汽进入第一个蒸发器加热，料液受热而沸腾，所产生的二次蒸汽，其压强与温度较原加热蒸汽为低，但此二次蒸汽仍可设法加以利用，即可将其当作加热蒸汽，引入第二个蒸发器，在减压亦即真空状态下，引入的二次蒸汽仍能发生加热作用，此时，第二个蒸发器的加热室便是第一个蒸发器的冷凝器。将二、三、四个蒸发器连接起来一起操作，即组成一个多效蒸发器（图4-1）。

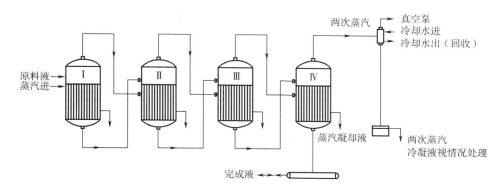

图4-1 四效蒸发设备（并流法操作）流程图

在两效蒸发器中，1kg加热蒸汽在第一效产生约1kg的两次蒸汽，后者在第二效（减压下）又可蒸发约1kg水。因此，1kg的加热蒸汽在两效中可蒸发2kg的水，即$1/2 = 0.5$（加热1kg料液蒸汽消耗量）；在三效蒸发器中，1kg的加热蒸汽可蒸发3kg的水，即$1/3 = 0.33$（加热1kg料液蒸汽消耗量）；而在四效蒸发器中，$1/4 = 0.25$（加热1kg料液蒸汽消耗量）。实际上，由于热量损失等原因，单位蒸汽消耗量超过上述理论值的一成到三成。多效蒸发操作，一方面可使二次蒸汽热焓发挥多次作用，另一方面又使最后一效蒸发器排出的两次蒸汽温度（视效数不同，从60~90℃）比单效蒸发器（100℃）低些，二次蒸汽的冷却可节约一些冷却水。

由此可见，浓缩工艺采用多效蒸发器有以下优点：

（1）二、三、四效蒸发器比单效蒸发器节能。

（2）四效比三效、三效比二效蒸发器节能。

（3）多效蒸发器一般不宜超过五效，过多效数蒸发器投资大，且每效推动力不大，特别是从四效改为五效，其节省程度降为 10% 。

（4）多效蒸发器的经济性在于节省加热蒸汽，但这种节省是有限度的。当增添一效蒸发器的投资不能与所节省加热蒸汽的收益相抵时，即达到效数的限度。

（5）多效蒸发工艺为了浓缩料液，最后一效排出的二次蒸汽仍有较高的压力（温度），并含有大量的热量，如双效蒸发器的二次蒸汽温度为 90℃（汽化潜热 2290.3kJ/kg）；三效蒸发器的二次蒸汽温度为 75℃（汽化潜热 2326.8kJ/kg）；四效蒸发器的二次蒸汽温度为 60℃（汽化潜热 2362.5kJ/kg），这部分热焓如只是被冷却而没有发挥作用，实在可惜。

3. 机械式低压蒸汽再压缩技术

根据节水节能减排要求，为利用二次蒸汽的热焓，使其成为有用的热能，在生产上可采用蒸汽压缩机，它可在正、负压下，吸入饱和水蒸气，经压缩后的蒸汽成为该压力下饱和蒸汽，这种压缩饱和水蒸气的压缩机称作热泵。压缩式热泵主要依靠工作介质的物态变化来实现其汽化吸热和冷凝放热来达到供热的目的，其循环系统通常由蒸发器、压缩机、冷凝器、膨胀机构和工作介质组成。经重新设计与改装的罗茨式压缩机、螺杆式压缩机、离心式压缩机、轴流式压缩机都能达到此目的。但是尚需注意下述的问题：

（1）经压缩后的蒸汽可能成为该压力下的过热蒸汽，尚需经喷液消除过热才能成为饱和蒸汽，故机内的温升是高的，这是一般气体压缩机所没有的。

（2）由于机内温度较高，因此要选用能耐高温度的轴封材料，对轴承、齿轮等要加强润滑并使润滑油能得到很好的冷却。

（3）要考虑温升对机器各部分间隙的影响，特别是当运动部件与壳体材料不同时，更应该注意热膨胀的影响。

压缩机进口二次蒸汽压力可控制在中低等程度低压范围，如在 0.10MPa 左右（100℃），经压缩后出口压力可达到 0.162MPa 左右（114℃），可以作为蒸发器的加热蒸汽。当然，进出口蒸汽压力也可控制在其他数值范围内，如果进口二次蒸汽压力较低，则可以采用低温多效蒸发—热泵系统。同时，为提高压缩比，可采用双级压缩技术，即将二次蒸汽通过两次压缩。

食品工业各行业生产，料液经加热单元操作后产生的二次蒸汽压力在 0.02 ~ 0.1MPa。加热、蒸发（浓缩）、灭菌、结晶、干燥等产生的二次蒸汽经调节，压力可在 0.10MPa（100℃）附近，符合热泵操作条件，因此，这些与加热有关的单元操作与热泵即可组合成节能的压缩系统（图 4 - 2）。该系统的单（多）效蒸发器等加热设备产生的二次蒸汽可不断地进入热泵系统，进行压缩后，连续进入单效蒸发器等加热设备作为加热蒸汽，不需要再将二次蒸汽冷凝成热水。单（多）效蒸发器等加热设备—热泵系统，除在运行开始需热源（锅炉提供蒸汽）外，平常运行无需热源，即可不用软化水烧蒸汽，只需提供电源保证热泵运行，也无需二次蒸汽的冷却系统，因此，无需提供大量的冷却水。同时，装置占地面积小。为满足物料在中温（60～90℃）条件下浓缩，二、三、四效蒸发器都可与热泵组成一个节能系统，该系统的多效蒸发器是负压蒸馏，温度为60～90℃，且后一效较前一效真空度高。热泵的进口是低压蒸汽，经压缩工艺后的蒸汽可返回蒸发器作为加热蒸汽。

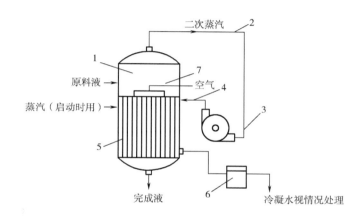

图4-2 热泵蒸发器操作简图

1—蒸汽室 2、4—二次蒸汽管 3—蒸汽压缩机

5—加热室 6—冷凝水排除器 7—空气排出管

以四效蒸发器蒸发浓缩1t水为例，耗水15t、耗电15kW·h、耗汽0.3t，而单效蒸发器—热泵系统蒸发浓缩1t水，耗水0.2t、耗电35kW·h、耗汽0t（热泵系统启动时，尚需蒸汽），采用单效蒸发器—热泵系统可节约标煤85%以上，其节能效果是显而易见的。目前，德国、法国、韩国、日本、美国已有标准系列产品，国内也正在引进和研制该产品，但在食品行业用得较少。可见，蒸发器—热泵系统推广应用于食品行业的潜力很大，特别是热泵产品的国产化。

山东某生化集团公司采用机械式蒸汽压缩技术，将柠檬酸发酵工艺产生的高浓度含糖废水（发酵废母液）干物质含量由2%浓度，经蒸发浓缩提高到5%～20%。同时利用微生物发酵法将干物质中的还原糖、蛋白质、矿物质等转变成饲料蛋白，使高浓度含糖废水得到利用。发酵废母液糖分回收率达到90%以上，1t柠檬酸产生的高浓度废水可生产单细胞蛋白 120kg。该技术适用于淀粉深加工、酒精、氨基酸、有机酸等发酵行业。以全国年产 100 万 t 柠檬酸计，年节水 1200 万 m^3，取水消耗降低 30%，相比只采用多效蒸发器浓缩工艺，节约蒸汽 300 万 t。

为提高发酵糖液浓度、发酵液与母液的提取成分浓度、高浓度含糖废水和高浓度发酵废母液的浓度，均可采用机械压缩（MVR）与单效（或多效）蒸发器系统浓缩生产食品、饲料、酵母，节约大量蒸汽。

"高浓度含糖废水综合利用（利用机械式蒸汽压缩技术）""酵母工业高浓度发酵节水工艺（采用机械式蒸汽压缩技术浓缩酵母废水）"都已列入《国家鼓励的工业节水工艺、技术和装备目录（第一批）》（工业和信息化部公告［2014］9 号）。

安徽某生物化学股份有限公司、山东某味精集团公司、湖北某酵母有限公司、中盐某盐化有限公司、山东某生化集团公司均已成功应用热泵，稳定运行数年，节能效果明显。"太阳能与高温双热源热泵污泥干燥技术"已列入《2008 年国家先进污染防治技术示范名录》；"机械式蒸汽再压缩技术"已列入《国家重点节能技术推广目录（第三批）》（国家发展改革委公告［2010］33 号）；《国际和中国的十大节能技术和十大节能项目》（国家发展改革委公告［2015］32 号）中有"基于双级增焓变频压缩机的空气源热泵（中国）""高温热泵（日本）""低温热泵（日本）""同时制冷和制热型热泵（日本）"；《国家重点节能低碳技术推广目录（2017 年　节能部分）》（国家发展改革委公告［2018］3 号）共有 12 项热泵技术，其中有"机械式蒸汽再压缩技术""热泵双级压缩变频增焓节能技术""热泵节能技术""空气源热泵冷暖热水三联供系统技术""热电协同集中供热技术（热泵替代换热器）""烟气源热泵供热节能技术"等项目。

机械压缩热泵还可运用在浓缩高浓度废水和干燥污泥方面。如"机械压缩—离子交换垃圾渗滤液处理技术"，该技术采用热泵—蒸发器将垃圾渗滤液浓缩，将产生少量的二次蒸汽冷凝液经离子交换树脂除氮后达标排放；"利用高温热泵干燥城市污泥技术"，上述两技术均已列入《2012 年国家先进污染防治示范技术名录》。

二、 二次蒸汽喷射压缩装置

目前，国内外还在大力研发、研制、生产气体喷射压缩器回收二次蒸汽，该器可将高压蒸汽与低压蒸汽（二次蒸汽）均匀混合，混合蒸汽经压缩提高压力后可继续用于生产，热能回收利用率高。二级蒸汽喷射压缩器见图 4 - 3。

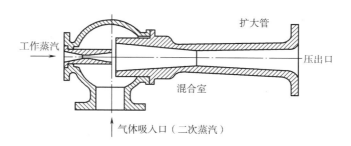

图4-3　二次蒸汽喷射压缩器

1. 基本原理

气体喷射压缩工艺是基于气态流体具有很强的压缩性，它可将高压加热蒸汽从专门的喷嘴高速喷射，不直接消耗机械能，以达到输送和压缩蒸汽的目的。

2. 基本构造

气体喷射压缩器是完成能量转换的一种装置，将静压能转换为动能，其采用不锈钢加工制成的可拆卸的装置，主要由气体喷射管、混合室、扩大管（压缩管）组成（图4-3）。喷射压缩管按需要将进口管径加工成大于出口管径数倍，甚至更大，该管可直接喷射蒸汽。高压蒸汽进入气体喷射管进行绝热膨胀，以几百米/秒的速度从喷头高速喷射，高速喷射流引起蒸汽静压能与动能之间的相互转变，产生漩涡、紊动、扩散作用，形成真空状态，达到混合室负压（绝对压力达50~100mmHg），从而将待回收利用的二次蒸汽（低压蒸汽）吸入并均匀混合，高压蒸汽将部分动能与热能传递给低压蒸汽，混合蒸汽的速度低于高压蒸汽自喷射管喷出的速度。但当混合蒸汽进入扩大管后，速度逐渐降低，即动能逐渐转变为静压能，压力上升，因而引起混合蒸汽的压缩。当高低压蒸汽比例（高压蒸汽流量/低压蒸汽流量）合适，压缩比（出口压力/入口压力）为1.5~5时，经压缩后的混合蒸汽压力可高于高压蒸汽，从而继续用于各种加热工艺。

3. 多级蒸汽喷射压缩器

如需获得较高的压缩比，则可采用多级蒸汽喷射压缩器。图4-4为三级蒸汽喷射压缩器，加热蒸汽（工作蒸汽）与吸入的二次蒸汽先进入第一级喷射压缩器，经第一次压缩的混合蒸汽进入第二级喷射压缩器，经第二次压缩的混合气体进入第三级喷射压缩器，经第三次压缩的混合气体通过序号7号喷射器待用。少量蒸汽冷凝液由序号2、4、6号冷凝器排出，序号8号为辅助喷射泵，用以增加启动速度，当压缩比达到要求，辅助喷射泵即自动停止。

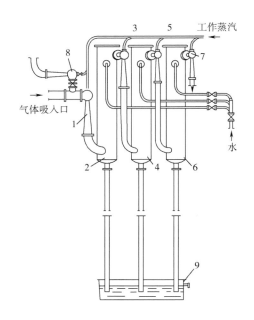

图 4 – 4　三级喷射压缩器构造

1、3、5——一、二、三级喷射器　2、4、6—高位混合冷凝器　7—排除气体的喷射器

8—起动喷射器的辅助喷射泵　9—冷凝水槽

4. 喷射压缩器的主要技术指标

气体喷射压缩器的主要性能可由喷射系数和压缩比来描述。

（1）喷射系数　喷射系数（μ）为低压蒸汽质量流量（$q_{M,H}$）与高压蒸汽质量流量（$q_{M,P}$）之比，即 $\mu = q_{M,H}/q_{M,P}$，该系数反映了压缩器的抽气能力与效率。

（2）压缩比　压缩比（Y）为压缩器出口压力 p_C 与入口压力 p_P 之比，即 $Y = p_C/p_P$，该系数反映了压缩器的喷射能力及可以获得的真空度。

5. 喷射压缩器的设计

压缩器设计主要是根据高低压蒸汽在器内符合质量守恒定律，即 $W = \gamma F w$（W 为重量流量，γ、F、w 分别为喷射管内任一截面的蒸汽重度、截面积、平均速度），同时高低压蒸汽流动符合能量守恒定律（伯努利方程式），即 z（位能） + P/γ（静压能） + $w^2/2g$（动能） + h（由实验获得的与蒸汽流动状态有关的参数） = 常数。

气体喷射压缩器是将高压蒸汽与二次蒸汽混合后再进行压缩，热能回收利用率很高。气体喷射压缩工艺不直接消耗机械能，它的投资与运行费用较机械压缩装置（MVR）低得多，但压缩比低些。

6. 水力喷射器

喷射器的工作流体除蒸汽以外，也可为具有一定压力的水，即水力喷射器，或称水力喷射泵，可用在二次蒸汽的冷却工艺，高压水汲入后经喷嘴喷出形成真空与二次蒸汽混合，二次蒸汽冷凝并将部分动能传递给水，到混合喷嘴的末端时，水能以很高的速度进入扩大管，在扩大管中水的速度降低，动能又转变为静压能，热水可由压出管排出，该工艺可将二次蒸汽的绝大部分热焓交换给水，热水可贮存于罐后用于生产。

目前，有些食品行业采用该工艺回收二次蒸汽的热焓。但由于水不具有压缩性，因此该工艺一般来说只是汽液的热交换，由于热交换表面积大，热交换效率很高，实际上它就是一个高效率热交换器。水力喷射泵构造可见图 4 – 5，与气体喷射压缩器基本相同。

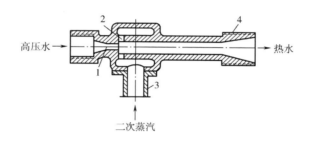

图 4 – 5   水力喷射泵

1—喷嘴   2—汲入口（水）   3—汲入管（二次蒸汽）   4—排出口

应指出的是，气体喷射压缩器主要将高压蒸汽（工作流体）从喷射管与扩大管喷出，以压缩和输送低压蒸汽，利用提高压力（温度）后的低压蒸汽。水力喷射器（泵）的工作流体可为具有一定压力的水，水汲入后经喷嘴喷出形成真空与二次蒸汽混合，二次蒸汽冷凝并将大部分动能传递给水。气体（汽汽）喷射压缩器与水力（水汽）喷射器（泵）的主要区别是气体喷射压缩器既有喷射又有压缩功能，水力喷射器只有喷射基本上无压缩功能，两种装置均能广泛应用于食品工业各行业的节能生产，回收利用有关加热单元操作的二次蒸汽热焓，它们构造均较为简单，无需基础工程和传动设备，不采用机械增压设备（压缩机、泵、鼓风机），占地面积小。

7. 蒸汽喷射压缩器应用实例

图 4 – 6 是一种连续式真空结晶器，热饱和溶液置于该结晶器内，结晶器的真空状态是由两级"加热蒸汽—二次蒸汽"喷射器（6）提供与维持，经两个喷射器加压的蒸

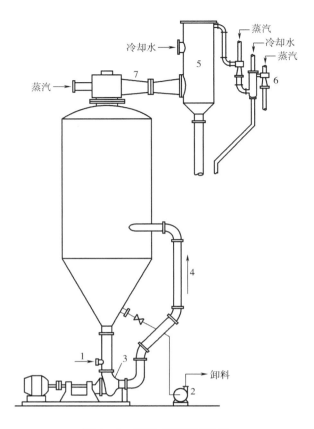

图 4 - 6　连续式真空结晶器

1—进料口　2、3—泵　4—循环管　5—冷凝器　6—两级蒸汽喷射器　7—蒸汽喷射器

汽（6 所示的喷射器混合器压出管）可继续用于生产。结晶溶液由进料口（1）连续加入，晶体与部分废母液用泵（2）连续排出，泵（3）强制结晶溶液沿管道（4）循环，促进母液均匀混合，以保证结晶条件。结晶溶液蒸发的溶剂或蒸汽从液面逸出，至高位混合冷凝器（5）冷凝，由于结晶器的温度很低，为保证溶剂蒸汽在冷凝器为冷却水所冷凝，可在结晶器与冷凝器连接处安装蒸汽喷射器，将蒸汽先行压缩提高冷凝温度，以利冷凝回收溶剂，如果结晶溶液是水溶液，则可以不按装蒸汽喷射器。图中，冷却水是为了调节二次蒸汽压力，保证两级喷射器的压缩比，以产生较高的真空度和回收利用热焓。

　　连续式真空结晶器也可采用多级操作，将几个结晶器串联，每一个结晶器保持相同的真空度和温度。该器构造简单，无运动部分，可达到节能的目的。

　　以蒸汽喷射压缩装置（TVR）和反渗透装备为基础的"海水淡化成套装备"已列入《国家鼓励发展的重大环保技术装备目录（2011 年版）》（工业和信息化部联节

［2011］54 号），其中，TVR 装置采用六效横管降膜蒸发器与蒸汽喷射压缩工艺，回收低温二次蒸汽热焓。"喷淋吸收式烟气余热回收利用技术""基于喷射式高效节能热交换装置的供热技术""基于相变储热的多热源互补清洁供热技术"均已列入《国家重点节能低碳技术推广目录（2017 年　节能部分)》（国家发展改革委公告［2018］3 号）。

三、 冷冻浓缩技术

1. 基本原理

冷冻浓缩技术是将料液中的部分水以冰晶的形式析出，并将其从液相中分离弃去，从而使料液达到浓缩的目的。该技术主要是根据冰晶与水溶液的固液相平衡原理，即水溶液中溶质浓度低于料液浓度时，料液冷却后，水（溶剂）便部分成冰晶析出，剩余料液的溶质浓度由于冰晶数量和冷冻次数不断增加而提高。冷冻浓缩工艺主要是三个过程：结晶（冰晶的形成）、重结晶（冰晶的长大）、分离（冰晶与液相分离）。冷冻浓缩按结晶方式可分为悬浮结晶法和渐进法，为降低成本，采用悬浮结晶法时可加入晶种。

冷冻浓缩工艺在低温下浓缩，可阻止不良的化学、生物化学变化，保持风味、香气成分，营养损失小，特别适用于浓缩热敏性的液态食品、要求保留天然色香味的饮品。同比单效与多效蒸发工艺浓缩，该工艺最大优越地方是符合节能减排原则。

2. 冷冻浓缩技术符合节能减排原则

由比热容与熔化热可知，冰的比热容［2.1kJ/（kg·℃)］低于水的比热容［4.2kJ/（kg·℃)］，冰的熔化热［336kJ/（kg·℃)］大幅度地低于二次蒸汽热焓［2250kJ/（kg·℃)］。

（1）冷冻浓缩技术的节能减排　以 1t 水或料液（20℃）经冷冻浓缩工艺生产 0.5t 冰晶和 0.5t 浓缩液（均为 -6℃）为例，计算总能耗。该总能耗拟分成两部分，一部分是 1t 水的显热（降低 26℃所需能耗）为 96.6MJ（按水、冰比热容的不同分成两个温度范围计算）；另一部分是 1t 水（-6℃）冷冻浓缩成 0.5t 冰（0℃）与 0.5t（0℃）浓缩液，该工艺尚需 168MJ 能量。两部分共计耗能 264.6MJ，相当于 9kgce，即 1t 水经冷冻浓缩工艺生产 0.5t 冰晶和 0.5t 浓缩液需消耗 73.2kW·h 电力，但是冰可用于做制冷剂节水 0.5t，冷冻浓缩液也可继续用于冷冻浓缩工艺，即冰晶的熔化热和浓缩液的比热容可以回收九成以上，因此，每吨料液冷冻生产浓缩液需净耗电力是不大的，同时，冰晶的熔化热和比热容可继续用于生产，而冰晶融化成水的污染物浓度是较低的。可见，冷冻浓缩工艺符合节能减排原则。

福建省某水产品公司，投资 150 万元（设备与材料费 120 万元、土建 20 万元、运行维护 10 万元）筹建年回收 6000t 鱼糜与肉糜制品水煮液的蛋白生产线。生产线先将鱼糜、肉糜制品水煮液通过高速离心分离设备增浓，然后将滤渣采用冷冻浓缩工艺生产蛋白饲料，冰晶体作为机制冰可回收利用。每年消除 6000t 水煮液污染环境问题。

（2）蒸汽浓缩技术的耗能　以 1t 水或料液（20℃）经多效蒸发浓缩工艺生产 0.5t 浓缩液和 0.5t 二次蒸汽为例，计算总能耗。该总能耗拟分成两部分，一部分是 1t 水的显热（水升高 80℃所需能耗）为 336MJ（按水比热容计算）；另一部分是 1t（100℃）水经加热蒸发浓缩成 0.5t 浓缩液（100℃）和 0.5t 二次蒸汽，从"二次蒸汽热焓占加热蒸汽潜热比例"（表 2－5）可知，1MPa（110℃）饱和蒸汽潜热为 3182MJ/t，则蒸发浓缩 0.5t 水尚需 1759MJ 潜热（包括另外 0.5t 水显热），该工艺如分别采用单效或五效蒸发器蒸发能耗为分别为：单效蒸发器耗能 1759MJ（相当于 59.8kgce），产生二次蒸汽 0.5t 并放出热焓 1231MJ（41.9kgce）；五效蒸发器耗能 351.8MJ（11.9kgce），产生二次蒸汽 0.1t 并放出热焓 246.3MJ（相当于 8.4kgce），使用五效蒸发器时，只有最后一效的二次蒸汽需排放，其余四效蒸发器的二次蒸汽作下一效蒸发器的加热蒸汽。

（3）两种浓缩技术的比较

①1t 水或料液（20℃）经冷冻浓缩工艺生产 0.5t 冰晶和 0.5t 浓缩液（均为 －6℃），不考虑回收浓缩液比热容和冰晶熔化热，总能耗为 264.6MJ。

②1t 水（20℃）或料液经单效、五效蒸发器浓缩工艺生产 0.5t 浓缩液和 0.5t 二次蒸汽，不考虑回收二次蒸汽热焓，蒸发总能耗分别为 1759MJ、351.8MJ（分别产生二次蒸汽的热焓为 1231MJ、246.3MJ）。

③冷冻浓缩工艺总能耗分别只占单效、五效蒸发器总能耗的 15%、75%，可见冷冻浓缩工艺同比单效、五效蒸汽浓缩工艺是节能的。

应指出的是，冷冻浓缩工艺如以回收冰的熔化热和水的显热（目前均能回收大部分）为计算依据，以及将单效、五效蒸发器浓缩工艺产生的二次蒸汽热焓全部加以回收利用（目前尚未考虑），则冷冻浓缩工艺总能耗同比单效、五效蒸发器蒸发总能耗仍有绝对优势。冷冻浓缩工艺节能的关键是，冰的比热容低于水的比热容，特别是冰的熔化热大幅度地低于二次蒸汽热焓。

另外，冷冻浓缩工艺同比蒸汽浓缩工艺，无气体污染物（粉尘、二氧化硫、氮氧化物）排放，而蒸汽浓缩工艺需耗用煤炭、天然气、原油燃烧锅炉，生产蒸汽过程将排放气体污染物。

3. 冷冻浓缩工艺与设备

冷冻浓缩工艺如下：

原料液—冷却（用热交换法）与初结晶—结晶（搅拌）—分离出浓缩液与洗涤晶体—压滤机—冰与水（均回收）

冷冻浓缩生产设备有管式、板式、搅拌夹套式、刮板式热交换器，真空、内冷转鼓式、带式冷却结晶器，以及压滤机、离心机、洗涤塔等分离设备。

4. 冷冻浓缩技术的应用

技术可用于鱼肉制品水煮液生产综合利用产品，以及生产饮料、乳制品、啤酒、葡萄酒。如在啤酒生产中，该技术在除去冰晶的同时，可除去形成浑浊的多酚、单宁等物质；在葡萄酒生产中，该技术可提高质量，生产葡萄冰酒，即当气温降到 − 8℃时，迟摘葡萄的水分会结冰成为固体，所采摘的葡萄在进行榨汁时，水分就榨不出来，只流出浓稠、高糖分的葡萄汁，用这部分酸甜的葡萄汁就可发酵生产葡萄冰酒，其中，葡萄汁的浓缩就是采用冷冻浓缩原理。

冷冻浓缩技术应研发冰核细菌提高食品料液过冷点和降低料液黏度，缩短冷冻时间，增大冰晶体积使之易于分离，降低生产成本；以及研发多次冷冻浓缩技术提高冰晶纯度，减少固形物损失。

四、 热交换器装置

食品工业常用的热交换器，大多是利用一种热流体将其热能通过器壁传给另一种冷流体。由于热交换的目的不同，热交换器可分为三类，即加热器、冷却器、冷凝器，但从构造分析并无多大区别。任何一个热交换器，对被加热的冷流体是加热器，而对被冷却的热流体则是冷却器。如果此热流体为蒸汽，蒸汽因冷却而冷凝，则该器又是冷凝器。

食品工业使用的热交换器，按其构造主要有夹套式、蛇管式、套管式、列管式、翅管式、螺旋式热交换器。列管式与翅管式热交换器可见图 2 − 1、图 2 − 2。热交换器使用在具有高热焓液体（料液）与低热焓液体（冷水）的热交换是比较合适的，主要是高热焓料液的热焓（250 ~ 420kJ/kg）并不高，并不需要消耗大量冷却水，如发酵生产的糖化液（60℃）冷却到发酵温度，之后保持发酵液的发酵温度，即 1kg 冷却水从 15℃吸收热量提高到 70℃，增加热焓量 230kJ，也就是说冷却 1kg 高热焓料液大约消耗 1kg 冷却水（不包括损失）。但使用在二次蒸汽与低热焓液体（冷却水）的交换情况就大大地不同了，同样冷却水从 15℃ 吸收热量提高到 70℃，冷却 1kg 二次蒸汽（热焓 2250kJ/kg）大约要消耗 10kg 的冷却水（不包括损失），可见要消耗大量冷水。这也解释了生产白酒、酒精取水定额高的原因，主要是该生产工艺要消耗大量冷却水以冷却白酒、酒精蒸汽成液体产品。

五、 冷却塔与冷水机组装置

食品生产冷却水回收装置常采用各种冷却塔与冷水机组。现介绍如下。

1. 循环水冷却设施的设计

冷却设施的设计要根据食品生产工艺对循环冷却水的水量、水温、水质和供水系统的运行方式，设备、电能、补给水的供给形式，设施与周围环境的相互影响确定。冷却设施应靠近主要用水车间，应避免修建过长的给水排水管、沟和复杂的建筑物。

2. 筹建冷却塔的注意点

冷却塔应建在贮煤场、粉尘污染源的全年主导风向的上风侧；远离厂内露天热源；与其他建筑物之间的距离除应满足冷却塔的要求外，还应满足各种建筑物的防火与防爆要求；不应妨碍企业的扩建。冷却塔的集中或分散建造方案的选择，应根据使用冷却循环水的车间数量、分布位置及各车间的用水要求，通过技术与经济的比较确定。冷却塔的热力计算可采用焓差法或经验方法。

冷却塔根据需要可采用机械通风式、风筒型自然通风式、开放式。同时，要大力推进水网络集成技术的开发与应用。机械通风开放式冷却塔都应符合冷却能力 ≥95%，其中，循环水量 ≤1000m³/h 的中小型塔：飘水率 ≤0.006%、耗电比 ≤0.035kW/(m³·h)；循环水量 >1000m³/h 的大型塔：飘水率 ≤0.001%、耗电比 ≤0.045kW/(m³·h)。

3. 建造冷水机组的注意点

为使食品企业的生产热量平衡，更好地重复利用冷却水，特别是冷却水经冷却池、冷却塔后温度仍达不到要求的，则可采用余热型溴化锂吸收式冷水机组。该机利用液体吸热汽化时产生的制冷效应工作，由于以水作制冷剂（即冷剂水），仅制备 0℃ 以上的冷水，完全可以满足食品生产的工艺要求。

4. 循环冷却水的处理技术

为大力提高循环冷却水重复利用率，需大力推广浓缩倍数大于 4 的水处理运行技术。可采用 MET 微电解冷却水处理技术、无磷缓蚀阻垢技术等用于高浓缩倍数的水处理。

六、 实施低碳能源战略

能源生产采用可再生能源和光伏发电。推广应用太阳能等新型环保能源技术，达到节能减排、清洁生产的目的。目前某些南方啤酒集团股份有限公司已开始这方面的工作。

第四节　食品生产工艺节能减排技术改造

食品生产的节能减排技术改造主要是改进生产工艺、降低能耗与减少污染物排放，筹建回收余压余热和节水的工艺与设备，综合利用烟道气中二氧化碳。本节介绍 22 项节能减排技术改造项目。

一、 利用烟道气与干燥机的余压和烟道气二氧化碳

利用烟道气与干燥机的余压，以及烟道气中二氧化碳的项目，包括：低碳低硫制糖新工艺、石灰—烟道气法和两碱法工艺净化制盐卤水、烟道气与干燥机的余压回收利用技术等。

1. 低碳低硫制糖新工艺

制糖行业每年排放到大气的锅炉烟气量超过 1000 亿 m^3，其中二氧化碳含量高达 2000 万 t。为节约资源，先进国家制糖厂将烟道气中二氧化碳与石灰反应生成的碳酸钙用于吸附糖液的非糖分，澄清精炼的蔗汁或糖浆，该工艺应用于亚硫酸法生产耕地白糖，替代部分硫磺、磷酸进行糖浆澄清，既能减少二氧化碳排放量，又能提高白砂糖的品质，产品的二氧化硫含量由原 20mg/kg 降到 10mg/kg 以下，达到国际 A 级白糖标准。

该技术适用于亚硫酸法甘蔗糖厂。生产 1t 白糖减排二氧化碳 14kg，同时，由于新工艺生成碳酸钙的溶解度大大低于传统工艺亚硫酸钙，因此，可大幅度减少加热、蒸发操作的结垢，降低能耗。

"低碳低硫制糖新工艺"已列入《轻工行业节能减排先进适用技术目录和应用案例》（工业和信息化部 2012 年 9 月，无文号）。

2. 石灰—烟道气法和两碱法工艺净化制盐卤水

石灰—烟道气工艺净化制盐卤水，是采用苛化与碳化反应，先将石灰水与卤水中镁离子反应生成氢氧化镁（沉淀）而得到分离，同时还能分离硫酸钠（生成硫酸钙与氢

氧化钠），再将静电除尘（水膜除尘）净化后的烟道气（含有二氧化碳）与分离后卤水（含有钙离子）继续反应（生成碳酸钙）去除钙，不但能破坏胶体结构去除粉尘等各种杂质，而且能提高盐产品质量（盐中氯化钠含量提高 0.1% 以上），防止加热时结垢，堵塞管道，延长设备清洗时间，提高热效率，降低生产能耗二成，达到制盐废母液全部利用。

制盐卤水还可采用两碱法净化工艺，即利用烧碱（NaOH）和纯碱（Na_2CO_3）将卤水中少量钙离子、镁离子除去，使卤水的钙、镁离子总量低于 10mg/L。由于化学反应机理（溶度积）不同，该工艺不能除去卤水中硫酸钠等杂质，但能缓解加热室结垢，提高热效率，降低生产能耗二成，减少制盐废母液排放一成。两碱法净化制盐卤水适用于硫酸钠、硫酸钙型卤水。沉淀泥浆可返回制盐企业的废弃矿井。

"石灰—烟道气法和两碱法工艺净化制盐卤水"已列入《轻工行业节能减排先进适用技术目录和应用案例》（工业和信息化部 2012 年 9 月，无文号）。

3. 烟道气余压利用技术

锅炉烟道气的温度在 160℃ 左右，糖厂将它经水膜除尘后排入大气，烟气余压尚未得到利用。糖厂可将烟道气余压作为热源干燥蔗渣，提高锅炉燃烧时蔗渣热值，达到节能降耗。同时通过改造除髓机，使除髓率由 25% 提高到 45%，并将蔗渣分级处理，分离后粗蔗渣送造纸，免去了造纸除髓工序；细蔗髓（糠）用烟道气干燥，减少质轻、粒小的蔗糠堵塞干燥设备。蔗渣水分由 48% 降到 40%，生产 1t 糖节标煤 25kgce（节约蔗渣 100kg/t 糖）。

"烟道气余压利用技术"已列入《轻工行业节能减排先进适用技术目录和应用案例》（工业和信息化部 2012 年 9 月，无文号）。

4. 干燥机余压的回收利用技术

将管束干燥机用于玉米深加工生产，干燥各种副产品时产生的余压蒸汽（二次蒸汽），进行收集、净化、加压处理后继续用于玉米浆浓缩工艺。该技术还可回收粮食干燥机的余压蒸汽（二次蒸汽）。

"干燥机余压蒸汽的回收利用技术"已列入《国家重点节能低碳技术推广目录（2017 年　节能部分）》（国家发展改革委公告［2018］3 号）。

二、 低耗水量的生产工艺与设备

低耗水量生产工艺与设备，包括"加压二氧化碳制啤酒麦芽工艺""味精发酵液的浓缩等电法提取谷氨酸""肉类制品采用空气解冻工艺""食品生产原料的机械输送"
"滤布真空吸滤机用于料液的固液分离"等，现分别介绍如下。

1. 加压二氧化碳浸麦工艺

二氧化碳加压喷雾制啤酒麦芽工艺，即在生产麦芽前，就对麦芽进行清除杂质（干
洗），同时，将麦芽间歇浸泡法改为二氧化碳加压喷雾浸麦工艺，使大麦充分吸收水分
（溶解氧）发芽，以减少用水浸麦次数，达到节水。

2. 味精发酵液的浓缩等电法提取谷氨酸

味精生产以发酵母液提取谷氨酸（俗称夫酸）工艺不同，分为"等电点离子交换
法""浓缩等电点法""等电点浓缩法"三种工艺，其中，等电点浓缩法工艺采用的生
产企业很少。为使发酵母液提取谷氨酸收率达到95%，20 世纪90 年代，大部分味精生
产企业采用等电点—离子交换工艺，该工艺在等电点提取后，将发酵液再次通过离子交
换树脂回收少量的谷氨酸，而树脂使用过程中（浸泡、活化、中和、洗脱、洗涤、再
生）将消耗大量的水（生产 1t 味精需用 20～30m³）和试剂。

2005 年以来，味精生产企业为节约用水及废水的氨氮指标能达标排放，发酵液提
取工艺采用浓缩等电点法提取味精。浓缩等电点工艺是将发酵液采用多效蒸发器，浓缩
一定倍数后再等电点（调节 pH）提取谷氨酸，该提取工艺的谷氨酸收率是 88%～
90%，尽管比等电点离子交换工艺低 5% 左右，但是革除了离子交换树脂，从而节约了
大量树脂及其处理水，同时，不消耗氨水、硫酸等化学试剂，使好氧处理工艺废水的氨
氮含量大为降低，大大有利于废水治理。

"浓缩等电点工艺从味精发酵母液提取谷氨酸"已列入《轻工行业节能减排先进适
用技术指南和应用案例》（工业和信息化部 2012 年 9 月，无文号）。

3. 肉类加工用气流与微波解冻等工艺

肉类制品（包括罐头）加工生产的原料肉类（包括禽类与水产品）与胴体解冻，
传统工艺常采用冷水池浸泡解冻方法，水解冻的速度较空气快，且避免重量损失，但肉
类中的可溶性物质容易流失，特别是需要耗用大量的水，解冻 1t 原料肉取水 13～18m³。
空气解冻工艺就可节约大量的水，生产 1t 原料肉只需取水 2～3m³。另外，还可采用电
力（低频、高频、微波）解冻工艺，利用物料的介电特性，电流通过电阻（肉类）时
产生的热量进行解冻，速度可比水解冻快 2～3 倍，解冻 1t 原料肉能节水 15t。

4. 食品生产原料的机械传送

有些农副产品加工（甜菜、水果、蔬菜等原料）的预处理常采用水力输送明渠到

洗涤槽，输送 1t 农副产品原料取水 3~5t，是这些企业耗水量大的节点。

目前，已有部分企业采用干法输送工艺，即用传送机械输送到洗涤槽洗涤与除杂，输送与洗涤 1t 农副产品原料只需取水 1t，大大节约了用水。甜菜制糖企业采用皮带输送机械将甜菜输送进入加工车间，取代传统的耗水量大、废水泥沙含量大、化学需氧量浓度高的湿法输送技术。该技术采用特殊的甜菜储斗防止甜菜架桥及破损；使用异形滚轮式除土机减少洗甜菜水的泥沙含量和流洗水用量，提高流洗水的循环利用率；采用格栅式或特殊螺带式出料装置将甜菜送至皮带输送机，解决出料堵塞和甜菜破损问题，同时用一整套自动控制装置，对各甜菜储斗的料位、出料速度进行监控并根据生产要求适时调整，避免断料或超负荷。一个年处理甜菜 50 万 t、产糖 6 万 t 的工厂，年可节水 79 万 t；糖分损失如以 0.15% 计，则可多产糖 750t，减排化学需氧量 244t。

"甜菜干法输送技术"已列入《轻工行业节能减排先进适用技术目录和应用案例》（工业和信息化部 2012 年 9 月，无文号）和《水污染防治重点行业清洁生产技术推行方案》（工业和信息化部联节 [2016] 275 号）。

5. 无滤布真空吸滤机用于料液的固液分离

食品行业生产常遇到料液的固液分离，如甜菜、甘蔗制糖生产的糖液净化处理后过滤；啤酒生产的麦糟过滤；玉米淀粉（包括玉米淀粉糖）生产的料液回收麸质；柠檬酸生产的菌丝体洗酸、后提取液的精滤等。传统生产工艺采用过滤槽、板框压滤机，使用过程中洗涤滤槽、滤布要耗用大量水洗涤，采用环带式真空吸滤机或无滤布真空吸滤机就可节约一定量用水。

三、 新型生物反应器和高效节能生物发酵技术

为提高传热效率，降低阿维菌素发酵生产能耗，将制备的压缩空气降温（185℃降至 110℃），由水冷改造成为风冷，风冷产生的热空气用于干燥发酵菌渣，节约循环水量；发酵罐的内冷却管替代外冷却管；在原气升式发酵罐内的导流筒（无调节温度功能）基础上，上部增补气环管，增加调节温度功能，压缩空气从底部进入，带动导流筒内发酵液流动与循环，以气流搅拌替代机械搅拌，利用气升式二次补气发酵技术，提高发酵溶氧量和空气利用率，缩短发酵时间八成，降低生产能耗。生产 1t 阿维菌素节能 95.4kgce。

"新型生物反应器和高效节能生物发酵技术"已列入《国家重点节能低碳技术推广目录（2015 年和 2016 年 节能部分)》（国家发展改革委公告 [2015] 35 号和 [2016] 30 号）。

四、 工艺废水回用生产技术

工艺废水回用生产技术适用于部分食品生产工艺，随着节水的迫切性，回用生产技术将日益增加。现介绍几种回用生产技术。

1. 粮薯酒精糟滤液回用拌料生产

酒精糟固液分离后，部分滤液回用生产实行半闭路生产，既是理想的节水途径，又是节能的治理方法。该生产工艺的原理是酒精糟经离心分离后滤渣将带走 65% ~ 75% 悬浮物和一小部分滤液（滤渣带有的滤液），也就分离带走了抑制发酵的大量杂质，由于固液分离只能分离除去大部分悬浮物，滤液仍含有一定量的悬浮物（1% 左右），会影响滤液的回用生产，但由于拌料时必须添加 50% 新鲜水才能进行正常生产，即给稀释抑制发酵生产的因素提供有利条件。生产 1t 酒精，该工艺可节约拌料用水 5m³（原工艺需 10m³）。

2. 玉米原料淀粉生产用水全闭环工艺 （回用生产）

玉米淀粉加工（包括玉米淀粉糖的淀粉加工）一般采用湿磨工艺。该工艺特点是先将玉米原料浸泡，然后将浸泡的玉米碎解与分离，分别生产玉米油、纤维饲料、蛋白粉、淀粉，为实现生产工艺的水平衡，只需从淀粉洗涤的最后一级加入新鲜水，并将后一级工艺洗涤水用于前一级（先后依次为蛋白粉、纤维饲料、玉米油、玉米浸泡），冲洗滤布与设备都采用工艺水，最后的玉米浸泡液经浓缩生产饲料或生物培养基（含干物质 45% ~50%）。该工艺可使玉米总干物质收率达到 97% 以上，生产 1t 淀粉取水量只需 5m³（原生产 1t 淀粉耗水 15 ~ 20m³）。当然，闭环流程工艺对淀粉生产的连续、稳定、物料与水平衡、防止染菌提出了更高要求。

3. 氨基酸和有机酸生产全闭路水循环

将氨基酸、有机酸生产的浓缩、结晶、干燥工艺，以及冷却机组的加热蒸汽冷凝水，用于锅炉用水和精制工艺中和用水；发酵母液和废母液浓缩产生的二次蒸汽冷凝液用于配料；设备洗涤水、处理树脂水（用于精制工艺）经生化与深度处理后用于冷却水补充水。生产 1t 产品取水量降至 15m³。

"氨基酸生产全闭路水循环"已列入《国家鼓励的工业节水工艺、技术和装备目录（第二批）》（工业和信息化部公告［2016］21 号）。

4. 回收工艺液并继续用于生产

（1）啤酒生产的洗涤啤酒瓶，使用的洗涤液（碱液）经重复利用会产生大量的悬浮物，影响洗涤效果。生产企业根据碱液的污染程度需经常更换新碱液，而将废碱液排入污水系统进行处理。目前，部分企业已筹建废碱液过滤处理回收系统，从而节水、节约碱液，减少环境影响。另外，啤酒生产企业都采用洗瓶机洗涤啤酒瓶，通过改进洗瓶工艺和机械传动部分，杜绝空瓶，达到节水。

（2）罐头生产常将水果浸泡在热碱溶液进行机械剥皮，可将热碱溶液经预处理后继续用于剥皮工艺，以达到节能节水。

（3）制糖生产废水采取"清浊分流、冷热分流、分别治理"措施，实现废水的循环利用。生产企业年节水五成。

（4）制盐生产节水地方较多。如在矿山采卤工序中建造的矿山场地设立污水池，将修井产生的卤水由污水池收集后注入井下作为原料；钻井产生的含盐泥屑用淡水冲洗，含盐废水可注入井下也可作为原料。卤水净化工序主要产生含盐废水和泥浆，及设备冷却废水，可集中到厂区的废水池内，返回到矿井用作注井水，泥浆可沉降到盐穴底部。蒸发制盐工序中产生的二次蒸汽冷凝水，返回矿井或经过处理进入循环水系统。设备冷却水及含盐、含硝母液返回到卤水净化工序中回收利用。

（5）白酒生产冷却水与饮料设备洗涤水循环利用技术。

将白酒生产冷却水、饮料设备洗涤水经膜技术等工艺深度处理后继续用于生产。

"啤酒企业洗瓶机节水技术""酿酒生产冷却水循环利用技术""含乳饮料设备洗涤水循环利用技术""米酒无菌灌装节水工艺"都已列入《国家鼓励的工业节水工艺、技术和装备目录（第二批）》（工业和信息化部公告〔2016〕21号）。

五、 提高生产纯水和再生水的收得率

食品工业各行业的生产用水和再生水的水质标准都有相应的要求。生产企业应按食品要求和标准选择合适的制备纯水工艺；根据再生水是用于洗涤、冷却、锅炉、景观、杂用等方面，选择合适的处理工艺。

1. 水质标准

食品及饮料行业实施食品卫生安全许可证制度（QS认证），规定所用工艺水及产品水均需要用净化后的水，通常是纯水。纯水水质需符合瓶（桶）装饮用纯净水卫生标准（GB 17324—2003）、生活饮用水卫生标准（GB 5749—2006）等，食品企业生产再生水生产需执行"再生水水质标准"（SL 368—2006）。

2. 制备纯水与再生水工艺流程

（1）食品企业生产纯水的工艺流程有以下三种。而制备再生水，也可将达到国家一级污水综合排放标准（GB 8978—1996）的排放水采用以下三种工艺。

①石英砂滤器—活性炭滤器—阳离子交换

②石英砂滤器—活性炭滤器—反渗透

③石英砂滤器—活性炭滤器—反渗透—臭氧发生器—精密过滤器

（2）工艺流程介绍

①砂滤器的作用：通过薄膜过滤、渗透过滤和接触混凝过程，使水进一步得到净化。砂滤可截留进水中的悬浮物、胶体等杂质，净化进水水质。经过砂滤器的原水浊度可降低至 5mg/L 以下。

②活性炭滤器的作用：主要是吸附水有机物 60% 左右及吸附水中余氯。活性炭滤器是利用活性炭的吸附能力有效地吸附原水中的有机物、游离性余氯、胶体、微粒、微生物、某些金属离子及脱色等，使出水余氯含量 <0.1mg/L，广泛用于食品工业用水的净化、脱氯、除油和去臭等。经活性炭过滤的水能够去除 63% ~ 86% 的胶体物质、50% 的铁以及 47% ~60% 的有机物质。另外，食品工业的达标排放水也会有一些异味，活性炭过滤能很好地去除异味，达到再生水标准要求。

第一种工艺流程称为软水系统，某些生产过程中对阳离子的含量要求较高（硬度），故在生产用水时需对原水做相应的处理。此系统出水水质硬度低于 0.3mmol/L。

第二种工艺流程为反渗透系统，反渗透技术主要用于水的除盐以及食品行业的提纯、浓缩、分离等方面，出水电导率在 10μS/cm 以下。

第三种工艺流程为常见的饮用纯净水生产系统，不仅拥有其他流程的特点外，同时还对产品水有一定的抑菌与灭菌能力。

第一、二种工艺流程区别在于：流程一的软水系统仅去除水中的钙镁离子，而水中的总含盐量不变；流程二的反渗透系统则是对水中的阴阳离子进行去除，去除率可达到 98% 以上。

食品企业可根据生产用水水质的不同，采用不同的工艺，达到用水和再生水的标准与要求。生产再生水需将经治理达到国家一级排放标准的排放水，再经砂滤、活性碳吸附、反渗透纯化、臭氧消毒等工艺处理，达到再生水用于工业用水控制项目的指标要求。

3. 纯水和再生水收得率

食品行业的纯水制备和再生水处理，如采用反渗透法，纯（淡）水的回收率为50%～60%，浓水（废水）产率为40%～50%。产生浓水的处理与处置应予以重视，不然将产生二次污染。

为提高制备纯水和再生水收得率，达到节能减排的目的，可采取以下措施：①第一种工艺流程的离子交换可采用连续离子交换工艺；②第二、三种工艺流程的反渗透浓水，可采用高强度与抗污染膜组件或加入阻垢剂再次分离，使纯水与再生水总收得率达到80%以上。

六、　不同温度的冷却水与两次蒸汽梯度利用

食品生产的不同生产工艺，会产生大量不同温度的冷却水和两次蒸汽。为了节约用水，降低处理水成本，改变企业内部各部门用水无序不合理，企业可统筹考虑，打破各用水部门界限，采用生产用水和二次蒸汽阶梯式利用技术，即将不同温度的冷却水和两次蒸汽（包括冷凝液）提供给合适的工艺使用，最后才考虑将使用不完的冷却水（温度较高）与冷凝液进入冷却系统处理后再行使用，以提高冷却水循环利用效率和蒸汽回收利用率。

1. 玉米淀粉—发酵联合生产企业

发酵生产企业浓缩玉米浸泡水产生的二次蒸汽冷凝水和发酵工艺冷却水，可以用作玉米原料的浸泡水，还可用作配制玉米浆。

2. 味精生产企业

将浓缩发酵母液和废母液工艺产生的二次蒸汽冷凝液（温度高）替代蒸汽为溴化锂制冷机组提供热能。另外，由于湿味精含水量低（2%），干燥前后含水量变化小，因此可用结晶味精时产生的冷凝水替代蒸汽干燥味精产品。

"谷氨酸生产蒸汽余热梯度利用技术"已列入《国家重点节能低碳技术推广目录（2015年和2016年　节能部分）》（国家发展改革委公告［2015］35号和［2016］30号）。

3. 啤酒生产企业

传统啤酒生产的麦汁煮沸采用常压，即是在敞口煮沸锅内设加热器，煮沸时间长（90～120min），二次蒸汽温度低，且不易回收，热量回收效率低下。目前，已有相当部分生产企业采用先进的动态低压煮沸工艺，该工艺是在密闭式煮沸锅内（外）设加热器，同比常压煮沸蒸发时间短（40～60min）、蒸发量小，且能进行两次蒸汽（99.5℃）

的回收利用，二次蒸汽热焓可经薄板加热器继续用于煮沸系统麦汁预热，热回收效率显著提高，从而达到节约蒸汽、节水的目的。另外，煮沸麦汁的冷却也可采用真空蒸发，在降低麦汁沸点同时，通过蒸汽冷凝器，回收二次蒸汽，达到节约蒸汽、节水的目的。

"动态低压煮沸工艺"已列入《轻工行业节能减排先进适用技术目录和应用案例》（工业和信息化部 2012 年 9 月，无文号）。

第五节 食品工业节能减排的社会环境效益与经济效益

一、 食品工业节能减排的经济与社会环境效益

1. 节能减排的经济效益

食品工业如能遵循节能减排的十项措施，采用国家和行业推广的节能减排先进生产工艺和设备，积极推行清洁生产及其审核，建立生产工艺指标和能耗在线调控与监测系统，采用气体喷射压缩技术、机械压缩装置、多效蒸发器、低温多效蒸发器、冷冻浓缩技术、高低热焓物料热交换（包括喷射交换）等装置和新技术回收利用二次蒸汽和料液热焓，减少能耗损失，则整个工业的综合能耗能在年消耗 1.3 亿 tce 基础上，降低25% 以上（有些行业降低幅度要大些，有些要小些），即年节约 3250 万 tce。水耗、电耗、煤耗分别降低 20%、25%、25%，即年节约水 20 亿 m^3、节电 450 亿 kW·h、节约原煤 3750 万 t。同比不回收二次蒸汽和料液热焓的工艺，可减少大气污染物排放，还可节约生产加热蒸汽用水 3.5 亿 t、二次蒸汽冷却水 23 亿 t。

应指出的是，食品生产采用蒸汽再压缩工艺与装置大力回收二次蒸汽热焓，也需消耗一定的电力，整个工业初步估算约需 45 亿 kW·h。生产企业只要进行工艺和节能技术改造，提高产品收得率，采用节能的工艺（厌氧替代好氧发酵和冷冻替代蒸汽浓缩）、先进的电气设备、变频恒压技术、绿色照明（高效率灯具），减少变压器变损、线路损失，采用再压缩工艺与装置增加的电量非但不会引起食品工业电耗的增加，总电量还能在原电耗基础上降低 25%。

2. 环境效益

（1）废水 该工业原年排放综合废水 50 亿 t，如能采用节能减排工艺与技术，以及将高浓度废水生产饲料与燃料，低污染废水、冷却水回用于生产，则食品生产除能提高产品收得率，降低能耗外，年综合废水排放量降低 20%，即减少 10 亿 t 废水的处理装

置和运行费用，减排有机物 400 万 t。

（2）固体废弃物　原食品工业年排放 2000 万 t 有机废弃物，减排后剩下 1600 万 t，可厌氧发酵生产沼气 70 亿 m³（相当 560 万 tce），如能将有机废弃物（包括玉米与大豆等原料）生产生化产品、食品添加剂、饲料添加剂、饲料、沼气，则经济效益更高。目前排放的有机物已利用了部分，但仍有很大潜力。

（3）大气　食品工业年节约原煤 3750 万 t，即可减少燃煤粉尘排放 375 万 t、二氧化硫排放 37.5 万 t。

3. 社会效益

食品工业节能减排，全年节约标煤 3250 万 tce，在节约大量水电汽基础上，可相应暂缓筹建年生产 20 亿 m³ 水的水厂、发电 450 亿 kW·h 的电厂与变电站、耗原煤 3750 万 t 的锅炉房，以及锅炉脱硫除尘系统与排气筒；全年排放的综合废水量降低二成，除减少废水处理费用外，还能相应暂缓筹建年 10 亿 t 废水处理装置；减排后还剩下有机物 1600 万 t，能生产生化产品、食品添加剂、饲料添加剂、饲料、沼气。

4. 节约减排总经济效益

食品工业节能减排年总经济效益可达 2500 亿元。其中包括：节约水电汽费用 700 亿元，暂缓筹建水电汽生产装置与废水废气处理装置 1000 亿元（扣去筹建节能减排工艺与装置投资），废弃物生产综合利用产品和沼气收入 800 亿元。

2016 年食品工业总产值 11.1 万亿元，利税 1 万亿元。如该工业节能减排总经济效益经五年调控和技术改造能达到 2500 亿元，则年节能减排产生的经济效益将占当年食品工业利税的 5% 左右，可见，食品工业节能减排经济效益巨大。

二、 酿酒行业节能减排的经济与社会环境效益

《中国酒业"十三五"发展指导意见》提出，到 2020 年，全酒业预计实现酿酒总产量 8960 万 kL（含酒精及白酒、啤酒、葡萄酒、黄酒及其他酒等六个行业），比 2015 年的 7370 万 kL 增长 21.6%；销售收入 12940 亿元，比 2015 年 9230 亿元增长 40%；利税 2660 亿元，比 2015 年 1871 亿元增长 42%。同时，到 2020 年，燃料乙醇总产量达到 1500 万 t。

酿酒行业是食品工业耗能高的行业，如能采用前述介绍的节能减排工艺、技术、设备，则整个工业的年综合能耗能在 3600 万 tce 基础上降低 25% 以上，即年节约 900 万 tce 标煤；水耗、电耗、原煤耗分别降低 20%、25%、25%，即年节约水 1.9 亿 m³、节

电 22.1 亿 kW·h、节原煤 1227 万 t。如能将糖蜜、酵母进行深加工，则就可增加 50 种以上综合利用新产品，每年能增加 80 万 t 产量，总产值可达 100 亿元左右。酿酒行业年排放综合废水 7.1 亿 t，则可在原废水设施处理基础上，年综合废水排放量降低 20%，即每年减少 1.4 亿 t 排放废水，减排有机物 80 万 t，综合废水经处理能达标排放。酿酒工业原年排放 400 万 t 有机物，减排后剩下 320 万 t，可厌氧发酵生产沼气 12.8 亿 m³，如将有机物部分生产饲料、部分生产沼气，则价值更高，目前排放的有机物已利用了部分，但仍有较大潜力。

三、 发酵行业节能减排的经济与社会环境效益

发酵行业是食品工业耗能较高的行业，如能采用上述介绍的节能减排工艺、技术、设备，则整个工业的综合能耗能在 1560 万 tce 基础上能降低 25% 以上（有些行业降低幅度要大些，有些要小些），即年节约 390 万 tce 标煤；水耗、电耗、原煤耗分别降低 20%、25%、25%，即年节约水 1.4 亿 m³、节电 28 亿 kW·h、节原煤 500 万 t。如能将各种废弃物以及废母液、废渣进行深加工，则就可增加 40 种以上综合利用新产品，每年能增加 60 万 t 产量，总产值可达 50 亿元左右。发酵工业年排放综合废水 4 亿 t，则年综合废水排放量降低 20%，即每年减少 8000 万 t 排放废水，减排有机物 45 万 t，减少废水治理费用 1.6 亿元，综合废水经处理能达标排放。发酵工业原年排放 227 万 t 有机物，减排后剩下 182 万 t，可厌氧发酵生产沼气 7.3 亿 m³，如将有机物部分生产饲料、部分生产沼气，则价值更高，目前排放的有机物已利用了部分，但仍有较大潜力。

第五章

食品工业的清洁生产与审核

清洁生产是一种全新的发展战略，它借助于有关理论和技术，在产品的整个生命周期的各个环节采取"预防"措施，将工艺技术、控制过程、经营管理与物流、能量、信息等要素有机结合起来，从而实现最小的环境影响、最少的资源使用、最佳的管理模式以及最优化的经济增长水平。更重要的是，环境是经济的载体，良好的环境可更好地支撑经济的发展并为社会经济活动提供必要的资源和能源，从而实现经济的可持续发展。

推行清洁生产是控制环境污染的有效手段。清洁生产彻底改变了过去被动的、滞后的污染控制手段，强调在污染产生之前就予以削减。这一行动，国内外许多的实践都证明了具有效率高、经济效益好、容易为企业接受等特点。

推行清洁生产还可大大降低末端处理的负担。其中，包括处理设施投资大和运行费用高、未考虑资源利用，清洁生产通过生产全过程控制，减少甚至消除污染物的产生和排放。

推行清洁生产是提高企业的市场竞争力的最佳途径。其本质在于实行污染预防和全过程控制，并将给企业带来不可估量的经济、社会和环境效益，从而提高企业的市场竞争力。

根据《中华人民共和国清洁生产促进法》（2012 年，中华人民共和国 54 号主席令）中提出"有下列情形之一的企业，应当实施强制性审核：①污染物排放超过国家或者地方规定的排放标准，或者虽未超过国家或者地方规定的排放标准，但超过重点污染物排放总量控制指标的；②超过单位产品能源消耗限额标准构成高耗能的；③使用有毒、有害原料进行生产或者在生产中排放有毒、有害物质的"，因此，当地环保部门会根据《清洁生产促进法》，安排一些食品企业进行强制性清洁生产审核。也有部分食品企业为寻找清洁生产机会和潜力，主动提出清洁生产审核的。

本章介绍有代表性的节能减排潜力大的 10 个食品行业（酒精、白酒、啤酒、味精、柠檬酸、酵母、淀粉、制糖、饮料、制盐）的清洁生产及其审核方法，以及采用碳同位素检测食品原料是否是清洁的农副产品。

第一节　食品工业清洁生产概况

清洁生产对食品工业来讲是指不断采取改进设计、使用清洁的能源和原料、采用先进的工艺技术与设备、改善管理、加强综合利用等，从源头削减污染物，提高资源与能源的利用效率，减少或者避免生产、服务和产品使用过程中污染物的产生和排放，以减轻或者消除对人类健康和环境的危害。

节能减排与清洁生产关系密切，清洁生产比节能减排的范围更广，如通过改进生产工艺，使用清洁的能源和原料，循环利用物料；节约能源、降低损耗、提高生产效率和产品质量，达到降低生产成本；为对人类健康和环境危害最小化，最大限度减少化学物料的使用、采用无废或者少废技术和工艺，减少生产过程中的各种危险因素，实现对人类健康和环境的危害最小化。

国家发展改革委发布的《发酵（酒精、味精、柠檬酸）行业清洁生产评价指标体系》，工业和信息化部下达的《轻工（制糖、发酵、酒精、啤酒、制盐）行业节能减排先进适用技术指南》《制糖行业清洁生产技术推行方案》《制糖行业清洁生产水平评价标准》，环境保护部编制的《啤酒制造业、食用植物油工业、甘蔗制糖业、纯牛乳业、全脂奶粉业、白酒制造业、味精工业、淀粉（玉米）行业、葡萄酒制造业、酒精制造业清洁生产标准》，以及物料衡算的理论与计算，规范了食品行业清洁生产，可指导食品生产企业的清洁生产审核，也可作为撰写和评审清洁生产项目可行性研究报告、项目设计说明书、项目资金申请报告的参考。尚未有清洁生产评价指标体系与清洁生产标准的食品生产企业，可以参照已发布的行业清洁生产评价指标体系和标准，以及物料衡算的原则，进行清洁生产评审与有关工作。

第二节　清洁生产审核过程

食品生产企业清洁生产审核是对生产过程进行调查和诊断，找出能耗高、物耗高、污染重的原因，提出节能减排的方案。主要步骤有审核准备、预审核、审核、方案的产生和筛选、实施方案的确定与施行、持续清洁生产、审核结论，并收集有关材料。具体过程如下。

一、清洁生产的宣传和发动阶段

该阶段是将综合性预防的环境战略持续地应用于生产过程中，以减少污染对人类和环境的危害。与传统的末端治理的环保策略有着根本的区别，清洁生产在推行过程中重视源头削减及全过程控制。要使清洁生产工作广泛开展，提高全体员工对清洁生产的认识水平是关键。

通过广泛的宣传，成立清洁生产审核领导小组和工作小组，使企业领导层和员工对清洁生产审核有较清晰的认识。全企业员工从原辅材料、能源、技术工艺、设备、过程控制、废弃物产生与处置、产品管理以及员工素质等八个方面着手寻找清洁生产的机会和潜力。

二、 制定审核工作计划

为使审核工作能顺利地进行，根据《清洁生产审核办法》以及《企业清洁生产审核手册》的规定，按照清洁生产审核工作程序，清洁生产领导小组制订审核工作计划，内容包括阶段工作内容、完成时间、成果。小组从清洁生产审核的核心——分析工艺流程、物料（主要是蒸汽和取水）衡算开始，确定废弃物产生的部位和原因，并提出削减或消除废弃物产生的具体方案。按照边审核边实施的原则，审核小组遵循"筹划与组织—预评估—评估—方案产生与筛选—可行性分析—方案实施—持续清洁生产"等七个步骤，有条不紊地在全企业开展清洁生产审核工作。

三、 培训和考核

组织企业领导层和管理层有关人员，召开"企业清洁生产培训大会"。进行清洁生产审核培训，并向企业参与人员发放《清洁生产审核培训教材》，重点讲解清洁生产及审核的基本知识、清洁生产审核的程序与难点：阐明清洁生产是针对目前地球上的资源正面临枯竭，工业发展造成日趋严重的环境污染并已威胁着人类生存，而采取的可使人类持续发展的有效措施；清洁生产是通过加强管理和使用新技术及改变原材料、产品结构，从节能降耗的角度来减少废弃物的产生，从而减少污染物的排放，获得环境、经济效益；实施无费与低费方案及筛选技改方案，鼓励采用节能、降耗、高效的生产技术；清洁生产的结果必然会获得经济和环境效益，尤其是无费与低费方案的实施而产生的经济效益非常现实。同时，在获得经济效益的同时，企业管理水平随之会得到提高。

清洁生产培训结束后，对企业领导层和管理层相关人员通过发放《清洁生产培训试卷》进行考核。举办由工艺技术人员、环保与车间管理人员参加的清洁生产集中培训活动和座谈交流活动。

四、 征集清洁生产方案

企业领导对各个部门下达征集清洁生产方案的正式文件，并下达方案征集奖励规定。通过清洁生产审核，企业效益的关键是清洁生产方案的实施。清洁生产方案的来源：一是在相关清洁生产审核专家协助下，由清洁生产领导小组提出；二是由各车间操作第一线的工作人员提出；三是通过同行业相比较，获取其他企业的长处。可见，清洁生产方案的收集非常重要。

五、　预审核与审核

通过清洁生产预审核和审核能够清楚污染物的产生和如何产生的，提出的清洁生产方案能切实做到减少原料与能源的消耗，提高水与二次蒸汽的回收利用率，从而能降低生产成本和污染物的处理费用。并通过方案的实施切实提高车间的效益，促使车间的管理制度更加完善，并且能够把清洁生产的理念持续运用于生产中。

六、　设置清洁生产目标

1. 设置企业清洁生产目标的原则有以下 10 个方面组成：

（1）有关的环境保护法规、标准；

（2）企业所在区域总量控制的规定；

（3）生产车间技术水平与设备能力；

（4）企业目前人力、物力状况；

（5）易被人理解、接受，且能实现；

（6）有激励企业工作人员作用与明显的经济环境效益；

（7）符合本企业经营总目标；

（8）能减轻对环境的污染；

（9）能明显减少污染物与废物处理费用；

（10）能减少物耗、能耗和降低生产成本。

审核小组可将清洁生产目标分为近期、远期两个阶段。

2. 清洁生产目标的确定

清洁生产评价指标是对清洁生产技术方案进行筛选的依据，清洁生产技术方案的评价是审核活动中最为关键的环节。设置清洁生产目标是通过设置定量化指标，使清洁生产审核得以落实，通过清洁生产审核达到节能降耗增效，及减少污染物的产生和排放。

七、　物耗和能耗的实测与衡算

在熟悉产品生产工艺基础上，进行原材料和能耗消耗的实测与衡算。实测可以是测定某段时间原材料和能耗的消耗数量，也可以查阅台账与有关记录，有困难的可进行估算、计算。

物耗和能耗的实测与衡算是清洁生产评审的重点，只有物耗与能耗的衡算数据可靠，才能找准差距，正确制定清洁生产实施方案，特别是高中费方案的产生。

食品企业清洁生产除水、电力与废水衡算外，物耗和能耗的衡算还应包括料液的热焓与二次蒸汽热焓。料液加热操作的热焓，应测定料液升高到某一温度后查饱和水蒸气得到，这部分热焓是消耗了加热蒸汽的潜热；料液用一定量冷水冷却，冷却水被提高了一定温度，亦应计算热焓，这部分热水如是已用于生产，则可计算热量利用率，如没有利用，则是节能的潜力；加热、蒸馏、蒸发、结晶、干燥、灭菌等单元操作需测得单位体积料液加热温度和蒸发量，从而计算二次蒸汽热焓，确定是否回收利用，应注意的是，料液不管是否加热到沸点，均会有蒸发量与二次蒸汽热焓，只是大小而已。这些技术虽有一定难度，但它们是必不可少的，与取水与电力衡算一样重要。

八、　实施方案的筛选和确定

将企业的主要技术经济指标，以及生产单位产品的物耗和能耗衡算数据（包括能量利用率、冷却水循环利用率、余热余压回收利用率、废水与废弃物产生量与处理量、再生水生产量）与清洁生产标准、企业所在行业平均水平进行比较和分析，即可确定清洁生产实施方案。

九、　方案实施

企业可依靠自筹资金予以筹建高中费方案项目。也可将高中费实施方案的主要项目撰写可行性研究报告、项目申请报告、资金申请报告，通过地方政府部门向国家环境保护部、工业和信息化部、发展改革委申报项目，争取支持。

十、　撰写清洁生产审核报告

企业清洁生产审核报告主要由以下部分组成：

前　言（包括生产企业开展清洁生产审核的背景、清洁生产审核的范围、清洁生产审核工作的计划、编制依据）

第一章　企业概述（包括概况、平面布置图、经营状况、近期环境保护进展、组织机构）

第二章　审核准备（包括领导支持、组建审核机构、制订审核计划、开展宣传动员培训）

第三章　预审核（审查生产工艺与设施、原辅材料与能源消耗、污染物的产排污系数及治理工艺，确定清洁生产水平与重点）

第四章　审核（物料与能耗的实测与衡算）

第五章　清洁生产方案的产生与筛选（方案的产生与集中、中高费方案比较）

第六章　实施方案的确定（重点方案的分析与确定）

第七章　方案实施（无低费与高中费方案的社会环境经济效益、完成审核目标评估）

第八章　持续清洁生产（健全审核组织机构、管理制度，持续计划、培训，制订后续方案）

第九章　清洁生产审核结论（企业清洁生产实施的总结、撰写审核报告）

附　件　图、表、材料

纵观部分食品企业清洁生产审核报告，生产工艺的原辅材料和水、电力、废水衡算数据翔实与可行，但是缺少料液加热与冷却操作的热焓衡算，以及缺少加热蒸汽潜热与二次蒸汽热焓的衡算，因而缺少回收利用料液热焓和二次蒸汽热焓的高中费方案，失去了一些关键的清洁生产机会与潜力。

第三节　食品生产清洁原料的同位素检测

《中华人民共和国清洁生产促进法》提出使用有毒、有害原料进行生产的企业，应当实施强制性审核。食品生产一般是以粮食、水果、蔬菜、畜禽、水产品为主要原料，但是部分食品加入着色剂、甜味剂、酸味剂、防腐剂、香精、香料等添加剂。如果生产的各种食品是以农副产品为原料，再加上使用以农副产品为原料提取与加工的各种食品添加剂，则生产的食品应是纯天然（绿色）的，是深受广大消费者欢迎的。但如以石油化工原料生产食品和食品添加剂，且使用量和添加量超过国家有关标准，则就是使用有毒、有害原料，违反清洁生产促进法。

农副产品原料与石油化工原料生产的食品和食品添加剂，如何检测和区分，已是食品安全和清洁生产十分关注的问题，也是消费者迫切需要知道的。目前，有些国家已将放射性同位素 C－14（即^{14}C）应用于食品原料真实性研究领域，如有些国家为保证使用农副产品原料生产加工饮料与饮料添加剂以及酒类，规定某些饮料与酒类必须达到的 $^{14}C - \beta$ 放射性计数率。

一、分析与测试原理

同位素就是原子序数相同、原子质量不同的元素，它们在元素化学周期表占有同一位置。同位素有的是稳定的；有的是不稳定的，又称放射性同位素，它的核将自发地发生变化而放射出某一种粒子（如 α、β、γ），即所谓核衰变（或核蜕变）。通常用公式 $^{A}X_{Z}$ 来表示同位素，其中 X 代表元素的符号；Z 为原子序数；A 为原子质量数，等于质子和中子的总数。在碳元素中除了含有大量的稳定同位素 ^{12}C、^{13}C 以外，还有微量的放射性同位素 ^{14}C，其半衰期 5600 年（即放射性原子因衰变而减少到原来的一半所需时间），它是宇宙射线的中子穿过大气层时碰撞到空气中的氮核（^{14}N）发生核反应而产生的，即 $^{14}N_{7} + {}^{1}n_{0} \rightarrow {}^{14}C_{6} + {}^{1}H_{1}$。多少年来，宇宙射线不断地射到地球，因此大气中的 ^{14}C 不断地产生，但又不断地衰变成稳定同位素（^{12}C、^{13}C），结果大气中 ^{14}C 的含量始终保持不变。

大气中的稳定同位素，即碳（^{12}C、^{13}C）与氧化合生成稳定的二氧化碳（$^{12}CO_{2}$、$^{13}CO_{2}$），放射性同位素 ^{14}C 与氧化合生成放射性的二氧化碳（$^{14}CO_{2}$），他们分别通过光合作用，进入农作物（粮食、水果、蔬菜）、动物（畜禽、鱼类），放射性同位素 C - 14 和稳定同位素碳的比例 ［即 $^{14}C : ({}^{12}C + {}^{13}C)$］ 与大气一样有着同样的比例。但一旦被收获、屠宰、宰杀，并生产各种食品与食品添加剂，则光合作用就停止，它们与大气的交换和平衡即停止，农作物、动物的 ^{14}C 就得不到补充，此时放射性同位素 ^{14}C 就随时间不断地衰变而减少，直至 10 个半衰期衰变完，这将需要 5.6 万年。可见，收获后的农产品、屠宰后的畜禽、宰杀后的鱼类中放射性同位素碳 - 14 和稳定同位素碳的比例 ［即 $^{14}C : ({}^{12}C + {}^{13}C)$］ 是逐渐降低的；同时，放射性同位素 C - 14 和稳定同位素碳的总量（即 $^{12}C + {}^{13}C + {}^{14}C$）也是逐渐降低的。这两条基本原理是确定生产食品和食品添加剂的原料是否是天然的农副产品的基础，以及确定农产品的收获时间和畜禽鱼类的宰杀时间的依据。

以农副产品为主要原料生产的各种食品和食品添加剂，原料中有机化合物（以碳氢化合物为主）随生产工艺（不同单元操作）转化为食品和食品添加剂的有机化合物分子，仍是以碳氢为主的有机化合物，其中，放射性同位素 ^{14}C 将随着生产与贮存时间的增加不断地衰变而减少，符合放射性同位素衰变规律，即 $N = N_{0}e^{-\lambda t}$，公式表示食品和食品添加剂在已生产的 t 时间衰变率，N_0 为农副产品原料刚收获的 $C^{14}-\beta$ 放射性计数率、N 为食品和食品添加剂生产与贮存一定时间后已衰变的 $C^{14}-\beta$ 放射性计数、λ 为衰变常数（在单位时间内每一个核的衰变概率，可用计算获得）。分析测定各种食品和食品添加剂有无放射性同位素 ^{14}C，就可以确定生产食品和食品添加剂的原料是否是天然的农副产品。

由此可知，通过农副产品原料生产的各种食品与食品添加剂都会有放射性同位素 ^{14}C。石油和煤是埋藏于地底下的腐烂植物，经 3 亿年以上的生化反应变迁而成，大大超过放射性同位素 $^{14}C-\beta$ 放射性的 10 个半衰期，可以断定，$^{14}C-\beta$ 放射性早已衰变完不再存在，故以石油热裂化气、天然气、煤干馏产品（煤焦油）为主要原料，通过基本有机化学合成反应，以及异构化、聚合、氧化、氢化等有机化学反应生产的各种食品与食品添加剂是不会含有放射性同位素 ^{14}C，也就是测定不到 $^{14}C-\beta$ 放射性的。

二、 分析和测试方法

在构成农作物、动物的有机化合物中，^{14}C 的含量很低，^{12}C、^{13}C 之和与 ^{14}C 原子含量的比例为 $10^{12}:1.2$，因此构成食品和食品添加剂的 $^{14}C-\beta$ 放射性比度很小，通常每克碳每分钟只有几百个 $^{14}C-\beta$ 放射性，同时 ^{14}C 的 β 粒子能谱既连续又低于一般放射性同位素，其能量仅为 0.15MeV（俗称软 β 放射性粒子），因此在制备液体与固体测试样本时要尽量减少 $^{14}C-\beta$ 放射性损失。

液体或固体的食品和食品添加剂样本，拟通过不同的预处理和分离纯化步骤制成溶于闪烁液的待测样品，制成的闪烁液要防止各种杂质（包括化学发光物质）干扰 β-放射性的测定，液体样品通过酸解洗气、加过硫酸盐氧化剂对样品进行处理，将样品中所含的无机碳和有机碳转化为二氧化碳，通过载气（氮气）吹扫后用无机碱溶液或有机碱溶液吸收二氧化碳，吸收液加入闪烁液制成样品；固体样本要干馏成炭再制备成能溶解于闪烁液的纯有机碳化合物。待测样品与闪烁液混合后置于低钾玻璃瓶，采用双道液体闪烁计数器测定其 β-放射性，然后将数据与标准工作曲线进行分析比较，从而确定生产食品和食品添加剂的原料是否是农副产品，以及农副产品原料中是否混有石油化工原料。

由几种农副产品原料生产的食品和食品添加剂，其总 $^{14}C-\beta$ 放射性应等于各农副产品 β 放射性之和，如低于其之和，则要考虑生产原料中是否有石油化工原料合成的产品，测定结果可确定农副产品生产食品、食品添加剂与有机化学合成生产食品、添加剂的比例。同样体积、成分、含量的农副产品食品，如食品与食品添加剂全部是农副产品原料提取与加工，则$^{14}C-\beta$放射性最大；全部是有机合成的添加剂，则无$^{14}C-\beta$放射性；混有部分有机合成产品的食品与食品添加剂，则$^{14}C-\beta$放射性介于两者之间。

根据食品和食品添加剂的$^{14}C-\beta$放射性衰变率，通过放射性同位素衰变公式，还能计算确定生产食品和食品添加剂原料的收获时间和产品（如酒类）的贮存时间。

三、 放射性同位素^{14}C测量仪器

放射性同位素^{14}C是只有放射性的软β射线（β粒子），而没有伴随其他的射线，因而给核物理测量带来方便。测量C-14放射性同位素的仪器有正比计数管、盖革—弥勒计数管、电离室和液体闪烁计数器等，其中正比计数管的测量灵敏度最高。但前三种方法，由于制样和操作繁琐，采用得很少。

目前，测量食品与食品添加剂的$^{14}C-\beta$放射性计数率，可采用我国自行研制的双道液体闪烁计数器，其工作原理是利用β射线对于某些荧光体的闪光作用，光电敏感的物质受闪光照射后放出光电子，光电子经倍增放大而得到可测量的脉冲。该仪器可直接测量经纯化处理后的食品和食品添加剂（需加入闪烁液），样品无自吸收，测量灵敏度高，对样品探测效率高，本底计数率低。仪器可用我国研制的^{14}C标准物质（GS-BA65001—1987中国糖碳）进行校正。

第四节　酒精企业清洁生产与审核

2015年、2016年酒精年产量分别为794万t（包括燃料酒精222万t）、820万t（包括燃料酒精205万t），2015年规模以上生产企业150家。酒精销售利润率并不高，生产企业维持在一般甚至较低的生产利润水平，但是年产量是逐年增加的，充分说明酒精行业在国民经济发展中有着较为重要的作用。目前，酒精行业正在通过清洁生产推进酒精酿造绿色化进程，实现资源和能源利用效率最大化，废水与废弃物产生量与排放量最小化，以提高生产利润水平和市场竞争能力。

《环境保护综合名录》（环办函［2015］2139号）中"高污染、高环境风险产品目录"，提出发酵酒精为双高产品。2018年1月，环境保护部制定了《环境保护综合名录（2017年版）》，该版食品的双高风险产品名录同2015年版，再次提出发酵酒精为双高产品。同时，两版《综合名录》都提出双高食品产品可允许采用的生产工艺，唯独将

发酵酒精笼统地（不管何种原料生产）提为双高产发品。

多年来，发酵酒精企业生产玉米酒精产生的高浓度废水，都已采用浓缩与干燥工艺生产蛋白饲料，中低浓度废水进行生化处理后达到《发酵酒精和白酒工业水污染物排放标准》（GB 27631—2011）排放，尚不存在多大环境问题。"玉米酒精糟生产蛋白饲料"早已列入《2006 年国家先进污染治理技术示范名录》，同时，在 1995—2005 年的燃料乙醇、食用酒精项目的环境评估得到了反复论证。2017 年 9 月，国家发展改革委、国家能源局、财政部等十五个部门联合印发《关于扩大生物燃料乙醇生产和推广使用车用乙醇汽油的实施方案》，提出到 2020 年，拟每年采用贮存过期的 3000 万 t 玉米生产1000 万 t 燃料乙醇。总之，燃料乙醇与食用酒精的清洁生产及其审核应密切关注不同原料的节能减排。

一、　酒精清洁生产基本情况

酒精生产主要采用粉碎、搅拌、加热、冷却、液化、糖化、发酵、蒸馏、洗涤、灭菌等单元操作，这些操作将大量地使用原材料和耗能，产生冷却水、二次蒸汽、洗涤水，同时，生产工艺中有些工序将大量排放废弃物（酒精糟、炉渣）、废水（洗涤水、冲洗水），大力提高酒精生产资源与能源的利用效率，以及搞好综合利用和废水治理正是清洁生产迫切需要解决的问题。

中国酿酒工业协会酒精分会公布的"某些年份酒精行业经济运行分析"指出，"以玉米酒精为例，技术水平较高的企业生产 1t 酒精粮耗平均水平在 3t 甚至 3t 以下；生产1t 酒精取水平均水平在 20t 以下，个别企业可以达到 5 ~ 10t；生产 1t 酒精的综合能耗500kgce 左右；生产 1t 酒精消耗蒸汽在 6t 左右（含酒精糟综合利用），发酵成熟醪酒精浓度在体积分数 13% 左右，不少企业达到体积分数 15% 以上""技术水平较低的企业，生产 1t 酒精粮耗平均水平在 3.15t 以上，生产 1t 酒精取水平均水平在 30t 以上，生产 1t酒精的综合能耗在 600kgce 以上，生产 1t 酒精消耗蒸汽在 8t 左右（含酒精糟综合利用）；发酵成熟醪酒精浓度在体积分数 11% 左右"。这些主要技术经济指标及其区别充分说明，酒精生产先进企业与一般生产企业有很大差距，一般酒精企业进行清洁生产潜力很大，而先进酒精企业也有一定潜力。

最近几年，十个非粮原料（木薯、纤维素、粉葛、芭蕉芋）燃料乙醇项目编制的环境影响报告书"清洁生产部分"显示，生产 1kL 燃料乙醇综合能耗（标煤）为 130 ~890kg、电耗 114 ~ 210kW·h、取水量 7 ~ 22t、废水产生量 6 ~ 14t、酒精糟产生量 5 ~

15t、COD 产生量 200 ~ 560kg，发酵成熟醪酒精分为体积分数 11% ~ 13%、淀粉出酒率 54% ~ 56%，冷却水循环利用率 96% ~ 98%。由于燃料乙醇生产工艺与食用酒精基本相同，因此上述指标也适用于酒精生产。

根据《固定资产投资项目节能评估和审查暂行办法》（国家发改委投资［2010］6号），对部分酒精企业的技改、筹建项目进行了节能评估。四川、江西、海南的某些酒精和燃料乙醇生产公司节能评估报告显示，这些公司采用各种节能措施后生产 1kL 酒精水耗分别为 9t、10t、5t，电耗分别为 118kW·h、115kW·h、91kW·h，蒸汽消耗分别为 2.5t、2.1t、2.6t，综合能耗分别为 385kgce、213kgce、236kgce。生产 1t 玉米酒精糟蛋白饲料的综合能耗为 0.34tce。节能评估报告还提供了几家大型酒精公司生产 1kL 酒精能耗，水耗 13 ~ 16t、电耗 230 ~ 310kW·h、蒸汽消耗 3 ~ 6t、综合能耗 600 ~ 800kgce。

二、 清洁生产主要的审核标准与依据

酒精企业清洁生产主要是节水、节电、节能，节约原材料，搞好废弃物综合利用和废水治理，加强生产组织与管理。

清洁生产与审核要将企业主要技术经济指标同比国家有关标准与指标，以找出差距与目标。目前，国家制定与发布的与酒精行业清洁生产有关的标准与指标主要是五个（表 5 – 1），可以作为酒精企业清洁生产与审核的参考和依据。一个是《发酵行业清洁生产评价指标体系》（国家发展改革委公告［2007］41 号），该指标体系提出了酒精行业被评估各项指标的权重值和基准值，通过计算与评分，即能得出考核酒精企业实施清洁生产的绩效；一个是环境保护部发布的《酒精制造业清洁生产标准》（HJ 581—2010），该标准的清洁生产指标要求分为三个级别（国际先进、国内先进、国内基本）；另一个是《聚氯乙烯等 17 个重点行业清洁生产技术推行方案》（工业和信息化部节［2010］104 号）中酒精行业部分，提出酒精清洁生产主要消耗指标（单位产品耗粮、取水、耗电、耗标煤、废水量）分别应达到的指标；再一个是《轻工行业节能减排先进适用技术指南》（工业和信息化部 2012 年 9 月，无文号），其中"酒精行业节能减排先进适用技术指南"将主要消耗指标分为国内准入、国内一般（即国内基本）、国内先进、国际先进四档。由于酒精生产的具体情况，以及制定标准的时间与背景不同，因此四个标准与数据不完全统一，尽管如此，仍可以作为清洁生产与审核的参考依据，但引用时应说明具体来源与有关情况。

表 5 - 1　　　　　　　　　　　　与酒精行业清洁生产有关的标准与指标

清洁生产主要技术指标与指标单位	原料种类	工业和信息化部"节能减排先进适用技术指南""清洁生产技术推行方案"，环境保护部"清洁生产标准"，国家发展改革委"清洁生产评价指标体系"								
		国内准入	国内一般（基本）		国内先进		国际水平		清洁生产	
		先进适用技术指南	先进适用技术指南	清洁生产标准	先进适用技术指南	清洁生产标准	先进适用技术指南	清洁生产标准	技术推行方案	评价指标体系
发酵成熟醪酒精分/%，体积分数	谷类			11		12		13		10
	薯类			10		11		12		10
	糖蜜			9		10		11		10
取水量/（t/kL）	谷、薯	32.3	30	30	20	20	10	10	24	40
	糖蜜	32.3	50	50	40	40	10	10		32
电耗/（kW·h/kL）	谷类		380	380	260	260	140	140	122	178
	薯类		170	170	150	150	120	120	122	154
	糖蜜		50	50	40	40	20	20		32
蒸汽消耗/（t/kL）	谷、薯								2.6	4、3.7
	糖蜜									3.1
综合能耗/（kgce/kL）	谷类		800	800	600	600	550	550		600
	薯类		650	650	550	550	500	500		550
	糖蜜		550	550	450	450	350	350		400
淀粉、糖分出酒率/%	谷类		52	52	53	53	55	55		54
	薯类		53	53	55	55	56	56		55
	糖蜜			48		50		53		54
酒精糟排放量/（m³/kL）	谷、薯		13～16	11	13～16	10	14	8	9	9
	糖蜜		14～16	14	14～16	11	15	9		10
综合废水产生量/（m³/kL）	谷、薯	40	20	20	15	15	10	10	24	28、25
	糖蜜	40	30	30	20	20	10	10		24
COD 产生量/（kg/kL）	谷、薯	150mg/L	350	350	300	300	250	250	527	160、360★
	糖蜜	150mg/L（为排放水）	1200	1200	1000	1000	800	800		390☆

注：（1）酒精行业清洁生产评价指标体系、酒精制造业清洁生产标准对拌料、液化、发酵、清洗、蒸馏工艺，以及环境管理体系建设等提出了一系列要求；同时，对酒精糟、炉渣、冷却水、二氧化碳的回收利用提出了定量指标要求。还应指出的是，表中清洁生产评价指标体系、清洁生产标准的能耗指标只是针对酒精生产的，并不包括不同原料酒精糟的综合利用与废水处理。

（2）表中酒精（体积分数96%）1kL=0.807t。

（3）表中★为薯类原料，☆为糖蜜原料。

最后一个是环境保护部发布的《发酵酒精和白酒工业水污染物排放标准》（GB 27631—2011），该标准规定了现有企业、新建企业、特别保护地区企业从 2012 年起执行的严格的水污染物排放限值。标准规定了酒精生产企业水污染物排放标准，化学需氧量（COD）、生化需氧量（BOD）分别为 100mg/L、30mg/L，允许 1t 产品排水量为 30m³/t，特别是提出了 TP、TN、$NH_3 - N$ 直接排放限值分别为 1mg/L、20mg/L、10mg/L。

三、 清洁生产能耗测试关注点

酒精企业清洁生产与审核要进行能耗测试，测试应遵循物料衡算原则，根据有关标准和规范，特别是《综合能耗计算通则》（GB/T 2589—2008），在熟悉生产工艺和能耗点基础上，根据水表、电表、蒸汽表实测，以及采用估算、计算方法确定 1t（1kL）产品能耗，特别是要关注耗能大的工艺与设备。

酒精生产能耗主要是汽耗，清洁生产与审核尤其要予以关注。谷物与薯类原料拌料、液化、糖化工艺拟在 60℃、95℃、60℃进行；发酵成熟醪蒸馏提取酒精需在 110℃左右；玉米酒精糟滤液（包括糖蜜酒精糟）浓缩，滤渣与浓缩液干燥生产饲料，薯类酒精糟滤渣干燥生产饲料与燃料均需大量蒸汽。生产 1t（1kL）酒精的加热蒸汽潜热应与各单元操作消耗热焓进行衡算，其中包括：酵母菌种扩培所需蒸汽潜热；拌料、液化、糖化醪液升高温度所需热焓，及产生一定蒸发量的拌料液、液化醪、糖化醪的二次蒸汽热焓；蒸馏发酵成熟醪生产 1kL 酒精所需加热蒸汽潜热，及将酒精蒸汽冷却成酒精所需冷却水提高的热焓；各发酵设备灭菌消耗的蒸汽潜热；加热蒸汽冷凝水的热焓；各单元操作的热量损失；生产综合利用产品所需蒸汽潜热。

能耗除关注生产单位体积酒精消耗加热蒸汽潜热外，还应根据醪液量、温度降低幅度，测定液化醪、糖化醪、酒精糟冷却工艺的热量（显热）回收率，同时根据一定温度的醪液量、蒸发量，测定拌料、液化、糖化、蒸馏、酒精糟滤液浓缩与干燥工艺产生的二次蒸汽的热焓及回收率。热焓回收利用率反映了酒精生产能节约汽耗和水耗的潜力，目前不少酒精生产企业，将每种醪液产生的二次蒸汽并不利用直排环境，利用的回收效率也不高，而不同温度醪液的二次蒸汽热焓至少在 2200kJ/kg 以上，不回收是可惜的。汽耗测试还应关注厌氧发酵生产沼气工艺回收的热量。

物料衡算确定的 1kL（1t）酒精产品能耗可与国家有关标准和数据进行比较，而综合利用产品与废水治理能耗在酒精清洁生产各种标准尚未有反映，因此可同比其他酒精企业，也可与理论值进行比较。

四、　关注综合废水达标排放

国家环境保护部发布的《第一次全国污染源普查工业污染源产排污系数》（2008年）可以看出，2008年有部分酒精生产企业执行的是《污水综合排放标准》（GB 8978—1996）二级标准（即行业标准），因此排放废水 COD 浓度可在 150～250mg/L，同时生产每吨酒精排放水量可为 20～50t。

从 2012 年 1 月 1 日起，现有酒精生产企业先执行《发酵酒精和白酒工业水污染物排放标准》（GB 27631—2011）排放废水 COD 浓度 150mg/L，产品基准排水量为 40m³/t；新建企业（包括到 2014 年 1 月 1 日建成后的现有企业）执行排放废水 COD 浓度为 100mg/L，产品基准排水量为 30m³/t，同时对 NH_3-N、TN、TP 也提出了严格的要求。清洁生产与审核要关注不同原料的综合废水污染物浓度不同，以及排放废水执行不同标准而应采用不同的处理工艺，特别是玉米酒精生产的综合废水（酒精糟浓缩工艺冷凝水与各种洗涤水）拟采用一级厌氧与一级好氧为主的多级治理工艺；薯类酒精的综合废水（酒精糟滤液与各种洗涤水）尚需采用二级厌氧与二级好氧为主的多级治理工艺；糖蜜酒精糟需采用浓缩—干燥工艺生产肥料，综合废水才可进行生化处理。为满足新排放标准对 NH_3-N、TN、TP 的排放要求，处理工艺拟增加深度处理工艺。

最近几年，三个非粮燃料乙醇项目环境影响报告书披露，将酒精糟处理到达标（新标准）排放尚需 10 级左右处理工艺，每天处理 1t 酒精糟和综合废水投资在一万元以上，处理每吨废水运行费用（包括折旧等）在 5 元以上。

五、　酒精清洁生产的高中费方案

酒精企业清洁生产是要引进多项新工艺、新技术达到国家有关部门提出的节水、节能、减排、综合利用、废水治理的目标，清洁生产评审最后阶段要提出"高费与中费方案"，以申报各类项目获国家与地方支持，纵观酒精企业清洁生产，主要方案应为：

（1）筹建能耗（包括余热余压的回收利用）和清洁生产指标在线监测和控制系统，提高能源和主要技术指标的管理信息化水平。

（2）淀粉质原料发酵的中温与低温液化工艺。

（3）发酵罐大罐连续发酵技术。

（4）高温和高浓度糖化醪发酵工艺。

（5）发酵工艺二氧化碳的回收工艺与设备的改造。

（6）酒精糟滤液回用生产的工艺与设备改造。

（7）综合废水达到行业排放标准处理工艺与技术的改造。

（8）玉米原料生产胚芽油与酒精糟生产蛋白饲料的技术与设备改造。

（9）利用蒸汽再压缩和热交换技术回收拌料、液化、糖化、蒸馏工艺、酒精糟冷却工艺、玉米与糖蜜酒精糟浓缩和干燥工艺的余热余压。

（10）薯类酒精糟生产综合利用产品（酒精糟滤渣生产饲料、燃料、肥料）技术改造。

（11）采用 CIP 清洗技术，合理回收利用各类冷却水，生产与使用再生水。

上述项目主要是围绕提高出酒率与酒精质量，降低能耗，综合废水经处理后达标排放。实施后，各项技术经济指标能达到《酒精行业清洁生产评价指标体系》中"定量和定性评价指标"，也能达到环境保护部发布的《酒精制造业清洁生产标准》中"一、二级水平"，还能达到工业和信息化部提出的《酒精行业节能减排先进适用技术指南》中"国内与国际先进水平"和《酒精清洁生产技术推行方案》要求，同时综合废水能达到《酒精工业水污染物排放标准》。

目前，酒精生产企业为大力促进清洁生产，正在研发"酒精浓醪发酵的复合酵母菌种选育（提高酒精产量）""高耐性酒精酵母工程菌及其构建方法（提高酒精产量）""低碳生物发酵生产酒精（降低发酵时间）""酒精综合废水处理技术（主要污染物达标排放）""酒精生产管理科学化建设（推进清洁生产）""酒精产品自动化合理化物流改造（提高管理与运输效率减少环境影响）"等项目，这些项目的研制成功，将进一步降低生产能耗与环境影响，大大提高经济效益。

第五节　白酒企业清洁生产与审核

2014 年、2015 年、2016 年白酒年产量分别为 1128 万 t（利润 703 亿元）、1178 万 t（利润 727 亿元）、1220 万 t（利润 797 亿元），2015 年白酒生产企业约 2 万多家，规模以上生产企业 1600 家左右。据悉，2018 年 4 月 17 日召开的中国酒业协会五届理事会七次（扩大）会议披露，2017 年白酒年产量 1076 万 t（利润 1028 亿元），规模以上生产企业 1593 家。预计到 2020 年，白酒年产量将达到 1420 万 t。可见，白酒行业的主要经济指标是逐年增长的，整个行业是发展的。

长时间以来，大部分企业的白酒生产是粗犷的。但是，目前白酒生产企业正在以转变经济发展方式为主线，围绕经济效益和生态效益相统一的目标，促进生产技术进步和管理提升。行业通过清洁生产推进产品节能减排进程，实现资源利用效率最大化，废水与废物产生量与排放量最小化，提高市场竞争能力。

一、　白酒清洁生产基本情况

白酒有清香、酱香、浓香、米香、豉香、凤香、芝麻香、老白干多种香型。不管哪种香型白酒，就生产工艺来说，主要采用制曲、原料粉碎、配料（加入谷壳与酒醅）、清蒸与润料、冷却、发酵（加入曲粉与酒糟）、蒸馏制原酒（可弃部分酒糟）、酒糟冷却、原酒勾兑产品酒、酒瓶洗涤与包装等操作的各种组合，这些操作大量地使用原材料与耗能，有些将产生大量的冷却水（酒醅蒸馏白酒时蒸汽的冷却）、二次蒸汽（清蒸与润料及冷却、白酒糟冷却）、洗涤水（冲洗生产设备与酒瓶），同时，生产工艺中有些工序有废弃物（白酒糟）、废水（黄水、白酒甑锅底水、各种洗涤水）排出。但应着重指出的是，生产不同香型白酒，上述操作就清洁生产机会与潜力来讲基本上是相同的。

多年来，只有部分白酒生产企业既生产原酒又生产产品酒，且达到原酒与产品酒产量平衡，大部分是不平衡的，有的是只生产或部分生产原酒，有的是只生产或部分生产产品酒。生产原酒工艺拟应包括制曲、原料粉碎、配料、清蒸与润料、冷却、发酵、蒸馏制原酒、废弃物综合利用、高中浓度综合废水治理；而原酒兑制产品酒工艺只包括勾兑、酒瓶洗涤与包装、低浓度综合废水治理。可见，白酒生产的能耗，废弃物、废水、废气的量和污染负荷，与生产原酒还是产品酒（即生产原酒与产品酒比例）有很大的关系，而与生产白酒的香型关系并不是很大。

从白酒企业生产白酒的能耗、取水量、废水量均说明先进生产企业与一般生产企业有很大差距，一般企业进行清洁生产潜力很大，而先进企业也有一定潜力。

二、　清洁生产主要的评审标准与依据

白酒企业清洁生产主要包括节水、节电、节能，节约原材料，搞好废弃物综合利用和废水治理，加强生产组织与管理。大力提高白酒生产资源与能源的利用效率，以及搞好综合利用和废水治理是清洁生产审核应迫切需要解决的问题。

清洁生产和审核要将企业主要技术经济指标同比国家有关标准，以找出差距与目标。目前，国家制定和发布的与白酒行业清洁生产有关的标准主要是两个，可以作为企业清洁生产的参考。一个是环境保护部发布的《白酒行业清洁生产标准》（HJ/T 402—2007），该标准的指标按要求分为三个级别指标（国际先进、国内先进、国内基本），

规定了生产1kL清香型与浓（酱）香型白酒的电耗、取水量、煤耗、综合能耗和淀粉出酒率（表5-2），以及废水产生量、固态酒糟量。应着重指出的是《白酒行业清洁生产标准》适用于制曲、原料粉碎、清蒸与润料、冷却、配料、发酵、蒸馏制原酒，并包括勾兑（购置食用酒精）、酒瓶洗涤与包装。如果企业从市场购置原酒，白酒生产只进行勾兑（购置食用酒精）与包装，则该《清洁生产标准》需做大幅度调整，生产1kL配制白酒的取水量、电力消耗、综合能耗均能降低九成，且无淀粉出酒率和白酒糟；如果企业生产部分白酒，又从市场购置部分原酒，则应分别计算能耗与环境指标。

表5-2   白酒行业清洁生产标准指标

清洁生产主要技术经济指标	单位	清洁生产标准指标			香型
		一级	二级	三级	
电耗	kW·h/kL	35	40	60	清香型
		50	60	80	浓（酱）香型
水耗	t/kL	16	20	25	清香型
		25	30	35	浓（酱）香型
综合能耗	kgce/kL	650	800	1100	清香型
		1300	1800	2200	浓香型
		2700	2900	3100	酱香型
淀粉出酒率	%	60	48	42	清香型
		45	42	38	浓香型
		35	33	30	酱香型
废水产生量	m³/kL	14	18	22	清香型
		20	24	30	浓（酱）香型
COD产生量	kg/kL	90	100	130	清香型
		100	120	150	浓（酱）香型
BOD产生量	kg/kL	30	35	60	清香型
		35	40	50	浓（酱）香型
固态酒糟	t/kL	4	5	6	清香型
		6	7	8	浓香型
		8	9	10	酱香型
冷却水循环利用率	%	90	80	70	
产品合格率（近三年）	%	100	100	100	

注：（1）表中清洁生产标准的能耗指标只是针对白酒生产的，并不包括白酒糟等的综合利用与废水处理。

（2）表中白酒（体积分数65%）1kL = 0.898t。

还有一个是环境保护部发布的《发酵酒精和白酒工业水污染物排放标准》（GB 27631—2011），该排放标准规定了白酒生产企业水污染物排放标准，化学需氧量（COD）、生化需氧量（BOD）分别为 100mg/L、30mg/L，允许生产 1kL 白酒产品排水量为 20m³/t，特别是提出了 TP、TN、NH_3-N 直接排放限值分别为 1mg/L、20mg/L、10mg/L。

三、　白酒企业清洁生产能耗测试关注点

白酒企业清洁生产与审核要进行能耗测试，以确定生产 1kL 产品和综合利用产品能耗。由于能耗（水、电力、蒸汽）测试点多，应遵循物料衡算原则，根据有关标准与规范，在熟悉生产工艺和能耗点，特别是在清楚生产原酒与产品酒产量的基础上，根据水表、电表、蒸汽表实测，并采用估算、计算方法分别确定原酒与产品酒的能耗，特别是要关注耗能大的工艺与设备。如洗涤酒瓶的用水量、蒸料与白酒糟冷却排入大气的二次蒸汽热焓与回收量、酒醅蒸馏白酒的耗汽量与回收量。应着重指出的是，部分白酒生产企业不愿提供生产与购置原酒，以及产品酒的量，如是这样则是无法进行清洁生产审核的。

从《白酒行业清洁生产标准》可以得出，生产 1t（1kL）白酒产品煤耗、能耗较高，也就是表示蒸汽消耗大，占综合能耗的 95% 以上，清洁生产与审核尤其要予以关注。除核算生产 1t（1kL）白酒的清蒸与润料、白酒蒸馏工艺，以及生产白酒糟饲料的蒸汽消耗外，还要关注二次蒸汽热焓回收利用工艺、回收率、经济效益。清蒸与润料、蒸馏白酒工艺产生二次蒸汽热焓可用这些工艺的蒸汽用量、温度，查饱和水蒸气表（表2-1）汽化热，采用蒸汽耗用量与热焓乘积求得大约值作参考；白酒糟冷却（摊冷）和干燥生产饲料工艺二次蒸汽热焓量可用白酒糟与饲料产品蒸发水分量、温度，查饱和水蒸气表（表2-1）计算求得。回收的热量应区分显热（水的热焓）与热焓（二次蒸汽），经济效益应视回收的是热水热焓还是二次蒸汽热焓分别进行计算。二次蒸汽热焓回收利用率与经济效益应是清洁生产审核重点，它反映了白酒生产节约粮耗、能耗、水耗的潜力，同时能解释生产同样乙醇体积浓度的白酒和食用酒精，生产白酒的能耗高于食用酒精的主要原因，显然，如能将白酒生产产生的二次蒸汽回收，特别是将蒸料产生的二次蒸汽全部回收，则白酒生产能耗也会有一定幅度的降低。

物料衡算确定的每吨白酒能耗可与国家有关标准比较，而综合利用产品与废水治理能耗在白酒清洁生产各种标准尚未有反映，因此可同比其他企业，也可与理论值进行比较。

四、　白酒行业清洁生产的高中费方案

白酒企业清洁生产是要引进多项新工艺、新技术达到国家有关部门提出的节水、节能、减排、综合利用、废水治理的目标，评审最后阶段要提出"高费与中费方案"，以申报各类项目获国家与地方支持。纵观白酒企业清洁生产，主要方案应为：

（1）运用生物固定化增殖细胞提高大曲发酵力以降低白酒生产能耗。

（2）优化白酒生产工艺与设备，建立能耗（包括余热余压回收利用率）和清洁生产在线监测系统，提高能源和主要技术指标的管理信息化水平。能耗在线监测系统，应包括自动控制进出物料、定量加曲、糖化温度；各工序取水量、电力消耗、加热蒸汽流量；蒸料工艺、白酒蒸汽、白酒糟的二次蒸汽热焓等。

（3）白酒生产（包括大曲制造、发酵、蒸馏、储存勾调、灌装包装工艺）的机械化，自动化，智能化，信息化的技术改造。实现节粮、节水、节地，达到节能、减排、降耗。白酒机械化改造项目包括生产标准化、自动控制、高压保压蒸粮工艺替代常压敞蒸工艺，确保蒸粮的稳定性；不锈钢槽车恒温发酵替代地窖发酵；机械化替代人工体力劳动。

（4）黄水生产调味液与复合酸（均为食品添加剂）。将黄水（含有多种有机酸和醇类）浓缩液采用酒精沉淀，滤液进行酯化反应并经蒸馏分离，即得到酿酒调味液和复合酸。该生产能降低黄水的污染负荷。

（5）甑锅底水（底锅水）生产乳酸与乳酸钙。将蒸馏白酒的甑锅底水，利用生物发酵与提取（浓缩、结晶、脱色、离子交换）工艺，生产乳酸与乳酸钙。该生产能降低甑锅底水的污染负荷。

（6）回收利用清蒸与润料及冷却工艺、白酒糟冷却（摊冷）工艺、白酒糟干燥生产工艺的二次蒸汽热焓，二次蒸汽采用再压缩工艺压缩后继续用于加热工艺，以减少使用加热蒸汽。

（7）白酒蒸馏工艺的二次蒸汽是白酒。可用软化水冷却酒醅蒸汽生产白酒，软化冷却水送锅炉使用；或者将冷却水经热交换后送配料。

（8）白酒糟可采用干燥工艺除去水分，也可利用微生物代谢热与强制循环通风工艺进行生物降水（水分降至35%），生产饲料、配合饲料、肥料、燃料及发酵蛋白饲料、生物功能饲料。

（9）白酒糟作燃料和炉灰生产白炭黑。白酒糟经干燥后送特种锅炉燃烧生产蒸汽，

产生的稻壳灰经碱化、酸解生产白炭黑。白炭黑（$SiO_2 \cdot nH_2O$），即水合二氧化硅，白色粉末，可用于油状分散剂，如农药载体，同时可广泛作为消光剂，用于油漆、涂料行业。

（10）白酒生产综合废水处理技术改造。白酒生产的综合废水主要来自甑锅底水（可利用）、黄水（可利用）、洗瓶水、洗容器水、冲洗水，为达到《发酵酒精和白酒工业水污染物排放标准》（GB 27631—2011），综合废水可视污染物浓度（COD 1000 ~ 7000mg/L）采用二级生化（一级厌氧与一级好氧、二级好氧）为主的多级处理工艺。应指出的是，白酒生产的甑锅底水属高浓度废水（COD 15000 ~ 20000mg/L），但产生的量较少，因此混入综合废水，不会造成污染负荷太高，影响二级生化处理。还应指出的是，如白酒生产就是购入原酒生产兑制酒，则综合废水污染负荷较低，只需采用一级好氧处理工艺。

目前，企业排放废水执行的《发酵酒精和白酒工业水污染物排放标准》，标准提出了 NH_3-N、TN、TP 排放指标。为达到要求，严格达标排放，拟改造原处理工艺，增加深度处理工艺。有企业将综合废水采用一级厌氧或一级好氧工艺治理后，按规定排入地方污水处理厂处理也是可行的。

（11）合理利用水、冷却水。加热蒸汽冷凝水继续返回锅炉使用；软化水先冷却白酒蒸汽生产白酒，再送锅炉使用；洗瓶水经机械格栅除杂、混凝沉降、机械过滤、消毒杀菌达到饮用水标准后继续用于洗瓶，达不到使用标准的洗涤水可用于冲洗车间地面。

第六节 啤酒企业清洁生产与审核

啤酒是世界通用性饮料，深受消费者欢迎，消费量大，是中国产量最大的酒种。2015 年、2016 年全国啤酒产量分别为 4921 万 t（利润 138 亿元）、4716 万 t（利润 142 亿元）。中国酒业协会五届理事会三次会议披露 2015 年全国规模以上啤酒企业 470 家。预计到 2020 年，啤酒年产量将达到 5400 万吨。2016 年，我国啤酒年人均消费量虽然已达 40L，超过世界人均消费量，但中西部地区并不高，8 亿人口的农村人均更低些。随着人民生活水平的提高和农民收入的增加，我国啤酒消费仍将有一定的增长幅度，啤酒产量会继续增长。

目前，啤酒生产企业正在以转变经济发展方式为主线，围绕经济效益和生态效益相统一的目标，促进啤酒酿造技术进步和管理提升。通过清洁生产推进啤酒酿造绿色化进

程，实现资源与能源利用效率最大化，废水与废物产生量与排放量最小化，提高市场竞
争能力。

一、 啤酒清洁生产基本情况

啤酒生产主要采用加热、蒸发、冷却、冷凝、液化、发酵、洗涤、灭菌、灌装等单
元操作，这些操作将大量地使用原材料与耗能，产生不少冷却水、冷凝水、二次蒸汽、
洗涤水，同时，生产工艺中有些工序有废弃物（酵母、废硅藻土、炉渣、麦糟）、废水
（洗涤水等）排出，大力提高啤酒生产资源与能源的利用效率，以及搞好综合利用和废
水治理正是清洁生产审核应迫切需要解决的问题。

目前，一般中小型啤酒企业生产 1kL 啤酒耗麦芽 130kg、酒花 2kg、热麦汁量 110L、
冷麦汁量 100L、取水量 7m³、耗标煤 100kgce、废水产生量 5m³。2015 年，先进大型啤
酒企业啤酒总损失率从 3.8% 下降到 3.6% 、啤酒耗粮从 153kg/kL 下降到 152kg/kL、取
水量从 5.4m³/kL 下降到 4.7m³/kL、耗电从 72.2kW·h/kL 下降到 66.8kW·h/kL、耗
标煤从 61kgce/kL 下降到 55kgce/kL、综合能耗从 72kgce/kL 下降到 62kgce/kL。这些主
要技术经济指标下降充分说明，先进啤酒生产企业与一般啤酒生产企业有很大差距，一
般啤酒企业进行清洁生产潜力很大，而先进啤酒企业也有一定潜力。

二、 清洁生产主要的评审标准与依据

啤酒企业清洁生产主要包括节水、节电、节能，节约原材料，搞好废弃物综合利用
和废水治理，加强生产组织与管理。清洁生产审核要将啤酒生产企业主要技术经济指标
同比国家有关标准与指标，以找出差距与目标。目前，国家发布与制定的与啤酒行业清
洁生产有关的标准与指标主要是五个（表 5 - 3），可以作为啤酒企业清洁生产的依据。
一个是环境保护部早已发布的《啤酒制造业清洁生产标准》（HJ/T 183—2006），该标
准制定较早，三个级别指标（国际先进、国内先进、国内基本）数据（表 5 - 3）总体
并不是很先进，特别是耗标煤量和综合能耗等指标，但仍可作为参考；另一个是《聚氯
乙烯等 17 个重点行业清洁生产技术推行方案》（工业和信息化部节 ［2010］ 104 号）中
啤酒行业部分，提出到 2012 年啤酒行业主要消耗（单位产品耗粮、取水、耗电、耗标
煤、废水量）分别应达到的指标；再一个是《轻工行业节能减排先进适用技术指南》
（工业和信息化部 2012 年 9 月，无文号），其中《啤酒行业节能减排先进适用技术指
南》将主要消耗指标分为国内准入、国内一般（即国内基本）、国内先进、国际先进四

档；还有一个是由国家发展改革委、工业和信息化部提出的《啤酒单位产品能源消耗限额》（GB 32047—2015）。

表 5 – 3　　　　　　　　　　　与啤酒清洁生产有关的标准与指标

清洁生产主要技术经济指标	国家发展改革委"单位产品能源消耗限额"	工业和信息化部"节能减排先进适用技术指南""清洁生产技术推行方案"、环境保护部"清洁生产标准"						
		国内准入	国内一般（基本）		国内先进		国际水平		清洁生产技术推行方案
		先进适用技术指南	先进适用技术指南	清洁生产标准	先进适用技术指南	清洁生产标准	先进适用技术指南	清洁生产标准	技术推行方案
消耗主要原料/（kg/kL）		165	158	165	145	161	140	158	150
取水量/（t/kL）		9.5	7	9.5	6	8	5	6	6
电耗/（kW·h/kL）		115	88	115	70	100	70	85	79
煤耗（标煤）/（kg/kL）		130	87	130	60	110	55	80	63
综合能耗/（kgce/kL）	70（现）45（新）30（扩）	170	110	170	70	145	65	115	77
包装合格率/%				98.0		99.0		99.5	
优级品率/%				30		60		90	
啤酒总损失率/%				7.5		6.0		4.7	
废水产生量/（t/kL）		8.5	6.0	8.0	5.0	6.5	4.0	4.5	4.3
COD 产生量/（kg/kL）				14		11.5		9.5	9

注：啤酒制造业清洁生产标准对原辅材料的选择，以及糖化、发酵、包装、输送与贮存工艺提出了一系列要求。同时，对酒糟、废酵母、废硅藻土、炉渣、二氧化碳的回收利用均提出了定量指标要求。

另外，环境保护部早已发布了《啤酒工业污染物排放标准》（GB 19821—2005），标准规定了啤酒企业水污染物排放标准，化学需氧量（COD）、生化需氧量（BOD）分别为80mg/L、20mg/L；TP、$NH_3 - N$ 分别为 3mg/L、15mg/L，目前正在对该"标准"

进行修订，不久将发布《啤酒工业水污染物排放标准》（修订 GB 19821—2005），该标准规定了严格的水污染物排放限值，特别是提出了总磷直接排放值。

五个标准与数据可以作为清洁生产审核参考依据，但引用时应说明具体来源与名称。

三、 啤酒清洁生产能耗测试关注点

啤酒企业清洁生产审核要进行能耗测试，应遵循物料衡算原则，即在熟悉生产工艺和能耗点基础上，根据水表、电表、蒸汽表实测，以及采用估算、计算方法确定产品能耗，特别是要关注耗能大的工艺与设备，如啤酒瓶的洗涤、麦汁煮沸与冷却、麦糟与酵母干燥设备。

生产 1t（1kL）啤酒加热蒸汽潜热应与各单元操作消耗衡算，其中包括：酵母菌种扩培所需蒸汽量；拌料、液化、糖化工艺料液升高温度所需热焓，及产生一定蒸发量的二次蒸汽热焓；煮沸麦汁生产 1t（1kL）啤酒所需潜热，及煮沸过程产生一定的麦汁蒸发量的二次蒸汽热焓；各发酵设备消耗一定量蒸汽潜热灭菌；加热蒸汽冷凝水的热焓；各单元操作的热量损失；生产综合利用产品所需热焓和汽化热。

实测与物料衡算确定的 1kL 啤酒产品能耗可与国家有关标准和数据比较，而综合利用产品与废水处理能耗在啤酒清洁生产各种标准尚未有反映，因此可同比其他啤酒企业，也可与理论值进行比较。

四、 啤酒由清洁生产的高中费方案

啤酒企业清洁生产是要引进多项新工艺、新技术达到国家有关部门提出的节水、节能、减排、综合利用、废水治理的目标，评审最后阶段要提出"高费与中费方案"，以申报各类项目获国家与地方支持。纵观啤酒企业清洁生产，主要方案应为：

（1）筹建能耗（包括余热余压回收利用率）和清洁生产指标在线监测和控制系统，提高能源和主要技术指标的控制管理信息化水平。

（2）啤酒澄清工艺采用错流膜过滤技术取代硅藻土技术。

（3）改造常压煮沸工艺为低压或动态煮沸工艺，并用蒸汽再压缩或闪蒸技术回收利用煮沸及其冷却工艺产生的二次蒸汽热焓。

（4）啤酒灌装产生的残酒进行回收。

（5）高浓度和超高浓度啤酒发酵工艺与稀释设备。

（6）洗涤啤酒瓶机碱液的回收利用。

（7）啤酒生产综合废水处理工艺的改造。

（8）麦糟与废酵母等废弃物的综合利用生产高附加值产品。

（9）啤酒发酵产生的二氧化碳回收设备的改造。

（10）啤酒生产原料与产品的废弃塑料包装袋的再利用加工与生产。

上述项目实施后，年生产 20 万 kL 啤酒生产企业可减少啤酒损耗 5400t（即减少排放 COD 702t）、减少综合废水排放 66 万 t（即减少排放 COD 1980t），两者相加，减少 COD 排放 2682t。减少废塑料排放 5200t、硅藻土 400t，生产沼气 258 万 m³（即节电 240 万 kW·h），生产食用二氧化碳 4000t、啤酒糟饲料 1 万 t、饲料酵母 200t，节约原粮 3400t、标煤 18070tce（其中有部分可用替代燃料）、碱 220t，总经济效益在 5500 万元以上。同时，年减少二氧化硫排放量 58.7t、氮氧化物 21.8t。各项技术经济指标能达到环境保护部发布的《啤酒制造业清洁生产标准》一级水平，也能达到工业和信息化部提出的《啤酒行业节能减排先进适用技术指南》中"国内先进水平"和《啤酒清洁生产技术推行方案》的要求。

目前，啤酒生产企业为大力促进清洁生产，正在研发"高效抗逆酵母菌种选育（提高啤酒产量与质量）""超高浓度酿造技术（麦汁浓度＞20°P）""低碳生物发酵生产啤酒（降低发酵时间）""低碳制麦技术（低能耗）""啤酒生产新型煮沸工艺（降低蒸发率与煮沸时间）""啤酒综合废水深度处理技术（磷与氨氮达标排放）""啤酒生产管理科学化建设（推进清洁生产）""啤酒产品自动化合理化物流改造（提高管理与运输效率减少环境影响）"等项目，这些项目的研制成功，将进一步降低啤酒生产能耗与环境影响，大大提高经济效益。

第七节 味精企业清洁生产与审核

2014 年、2015 年、2016 年味精产量分别为 225 万 t、230 万 t、270 万 t，2015 年味精生产企业 10 家。目前，味精行业正通过清洁生产推进产品绿色化进程，实现资源利用效率最大化，废水与废物产生量与排放量最小化，以提高市场竞争能力。

一、 味精清洁生产基本情况

味精生产主要采用以发酵为主的各种单元操作，这些操作将大量地使用原材料与耗能，并产生大量的冷却水、二次蒸汽、洗涤水，同时，生产工艺中有些工序将排放废弃物、废水。大力提高味精生产资源与能源的利用效率，以及搞好综合利用和废水治理正是清洁生产与审核应迫切需要解决的问题。

味精行业发展显示，2006—2015 年，生产 1t 味精的水耗已从 105t 下降到 60t（先进企业为 50t）、综合能耗从 1.9tce 下降到 1.6tce（先进企业为 1.45tce），分别下降了 42%、15%。这些主要技术经济指标下降充分说明，先进生产企业与一般生产企业有很大差距，一般企业进行清洁生产潜力很大，而先进企业也有一定潜力。

二、 清洁生产主要的评审标准与依据

味精企业清洁生产主要包括节水、节电、节能，节约原材料，搞好废弃物综合利用和废水治理，加强生产组织与管理。清洁生产和审核要将企业主要技术经济指标同比国家有关标准与指标，以找出差距与目标。目前，国家发布与制定的与味精行业清洁生产有关的标准与指标主要是五个（表 5 - 4），可以作为味精企业清洁生产的依据。一个是《发酵行业清洁生产评价指标体系》（国家发展改革委公告 ［2007］ 41 号），该指标体系提出了味精行业被评估各项指标的权重值和基准值，通过计算与评分，即能得出考评企业实施清洁生产的绩效；一个是环境保护部发布的《味精行业清洁生产标准》（HJ 444—2008），该标准将消耗指标要求分为三个级别指标（国际先进、国内先进、国内基本）；另一个是《聚氯乙烯等 17 个重点行业清洁生产技术推行方案》（工业和信息化部节 ［2010］ 104 号） 中味精行业部分，提出到 2012 年该行业主要消耗（单位产品耗粮、取水、耗电、耗标煤、废水量）应达到的指标；再一个是《轻工行业节能减排先进适用技术指南》（工业和信息化部 2012 年 9 月，无文号），其中《发酵行业节能减排先进适用技术指南》将味精生产主要消耗指标分为国内准入、国内一般（即国内基本）、国内先进、国际先进四档。四个标准与要求的制定由于处于不同时间与背景，因此有差别甚至有很大差别（表 5 - 4），但仍可作为清洁生产与审核的参考依据，引用时应说明具体来源与使用情况。除此之外，还可参阅《味精单位产品能耗消耗限额》（QB/T 4616—2013）。

还有一个是环境保护部早已发布的《味精工业污染物排放标准》（GB 19821—2005），该排放标准规定了企业水污染物排放标准，化学需氧量（COD）、生化需氧量（BOD）、氨氮（$NH_3 - N$）分别为 200mg/L、80mg/L、70mg/L，允许 1t 产品排水量为 150m³/t，目前正在对该标准进行修订。

表5-4　　　　　　　　　　　　与味精清洁生产有关的标准与指标

清洁生产主要技术经济指标	单位	工业和信息化部"先进适用技术指南""清洁生产技术推行方案"、环境保护部"清洁生产标准"、国家发展改革委"清洁生产评价指标体系"								
		国内准入	国内一般（基本）		国内先进		国际水平		清洁生产	
		先进适用技术指南	先进适用技术指南	清洁生产标准	先进适用技术指南	清洁生产标准	先进适用技术指南	清洁生产标准	技术推行方案	评价指标体系
耗玉米原料量（t/t） 离子交换★		2.5	2.2	2.2	1.9	1.9	1.7	1.7	1.77	2.4
耗玉米原料量（t/t） 浓缩		2.5	2.2	2.3	1.9	2.1	1.7	1.9	1.77	2.4
取水量	t/t	100	85	65	60	60	55	55	46	100
电耗	kW·h/t		1100		700		600			1300
汽耗	t/t		9		7		6			10
综合能耗	tce/t	2.8	1.9	1.9	1.7	1.7	1.5	1.5	1.7	1.8
发酵产酸率	%			10		12		13.5		11
谷氨酸提取收率 离子交换★				95		96.5		98		96
谷氨酸提取收率 浓缩（%）				84		88		90		96
纯淀粉生产味精收率 离子交换★				71.2		78.1		85.4		75
纯淀粉生产味精收率 浓缩（%）				62.9		71.2		678.4		75
废水产生量	m³/t	150	55	60	25	55	20	50	44	95
COD产生量	kg/t			120		110		100		600

注：（1）《发酵行业清洁生产评价指标体系》《味精工业清洁生产标准》对淀粉渣生产饲料、味精菌体生产蛋白饲料、味精发酵废母液综合利用率、冷却水重复利用率、炉渣综合利用率均提出了定量指标（100%）要求，还对原辅材料、生产工艺与设备、环境管理体系等提出了要求。

（2）根据环境保护部《环境保护综合名录》（2017年版），味精生产发酵液提取只允许采用浓缩等电点工艺。为便于将两工艺主要技术经济指标进行比较，表中仍列出了离子交换提取工艺的有关指标（即表中★处）。

三、 味精清洁生产能耗测试关注点

味精企业清洁生产与审核要进行能耗测试，以确定生产1t产品和综合利用产品能耗。应根据水表、电表、蒸汽表实测，并采用估算、计算方法确定每种产品能耗，特别是要关注耗能大的工艺与设备，如玉米浸泡水的浓缩工艺、发酵液的液化工艺、发酵液的浓缩与结晶工艺、味精的干燥设备、发酵废母液的浓缩工艺与干燥设备，还应清楚浓缩、结晶工艺采用多效蒸发器的效数，以及干燥设备的种类。

从表5-4可以看出，生产1t味精产品汽耗较大，占综合能耗的85%以上，清洁生产与审核尤其要予以关注。除核算淀粉乳、糊化、糖化、浓缩、结晶、干燥工艺，以及生产综合利用产品的蒸汽消耗外，还要关注二次蒸汽热焓回收工艺、回收率，经济效益是至关重要的。二次蒸汽热焓可用这些工艺的料液蒸发量与温度，查饱和水蒸汽表（表2-1）计算求得，二次蒸汽热焓回收利用率与经济效益应是味精清洁生产审核重点，它反映了节约能耗、水耗的潜力。

另外，生产每吨味精产品加热蒸汽潜热应与各单元操作消耗热焓衡算，其中包括：酵母菌种扩培所需蒸汽潜热；拌料、液化、糖化工艺料液升高温度所需潜热，及产生一定蒸发量的二次蒸汽热焓；生产1t味精浓缩发酵液所需的加热潜热，即第一效及其他效蒸发器所需加热蒸汽潜热；味精干燥所需加热蒸汽潜热，需根据湿味精含水量，计算干燥多少t水生产1t味精，及干燥器干燥1t水需耗的蒸汽量；各发酵设备消耗一定量蒸汽潜热灭菌；加热蒸汽冷凝水的热焓；各单元操作的热焓损失；生产综合利用产品所需加热蒸汽潜热。

物料衡算确定的每吨味精产品能耗可与国家有关标准和指标（表5-4）比较，而综合利用产品与废水治理能耗在味精清洁生产各种标准尚未有反映，因此可同比其他企业，也可以与理论值进行比较。

四、 味精清洁生产的高中费方案

味精企业清洁生产是要引进多项新工艺、新技术达到国家有关部门提出的节水、节能、减排、综合利用、废水治理的目标，评审最后阶段要提出"高费与中费方案"，以申报各类项目获国家与地方支持。纵观味精企业清洁生产，主要方案应为：

（1）筹建能耗（包括余热余压回收利用率）和清洁生产在线监测和控制系统，提高能源和主要技术指标的管理信息化水平。

（2）采用高性能温敏型谷氨酸生产菌发酵生产谷氨酸工艺。

（3）发酵液采用浓缩连续等电点转晶工艺提取谷氨酸。

（4）采用蒸汽再压缩技术（MVR、TVR），回收玉米浸泡水浓缩与干燥工艺、味精生产液化与糖化工艺、发酵液（废母液）浓缩与结晶工艺、干燥工艺及其各种冷却工艺的二次蒸汽热焓。将加压后二次蒸汽替代加热蒸汽，继续用于与加热有关的单元操作。

（5）生产中余压余热的梯度利用。

（6）味精生产废母液干燥生产肥料工艺的有机气溶胶烟气治理。

（7）综合废水处理工艺与技术改造，味精生产高浓度有机废水必须采用浓缩与干燥工艺生产有机复合肥料，不能进入生化处理。综合废水只应包括各种浓缩工艺与结晶工艺的冷却水、精制离子交换工艺处理水、各种洗涤水与冲洗水，COD浓度为5000～8000mg/L，氨氮浓度为150～400mg/L。为达到《味精工业水污染物排放标准》（GB 19431—2004），综合废水可采用二级或三级生化（一级厌氧与一级好氧或一级厌氧与二级好氧）工艺处理，厌氧消化液与低浓度废水可用好氧工艺处理后达标排放，该工艺应注意氨氮的氧化时间。目前，味精工业水污染物排放标准已提出氨氮排放标准（70mg/L），而即将发布的修订版除提出氨氮外，还增加了总氮、总磷指标。为达到修订版要求，严格达标排放，拟改造原处理工艺，增加深度处理工艺。

（8）发酵液糖渣、废母液菌体等废弃物再利用生产综合利用产品。

第八节　柠檬酸企业清洁生产与审核

柠檬酸是食品、医药、化工领域应用最广泛的有机酸，2015年、2016年柠檬酸年产量分别为129万t、137万t，可见年生产量是逐年上升的，已成为发酵工业的主要行业。随着人民生活水平的提高和农民收入的增加，我国柠檬酸消费仍将有一定的增长幅度，产品产量会继续增长。

一、　柠檬酸清洁生产基本情况

柠檬酸生产主要采用粉碎、拌料、加热、蒸发、冷却、液化、发酵、分离、浓缩、结晶、干燥、洗涤、灭菌操作，这些操作将大量地使用原材料与耗能，产生冷却水、冷凝水、二次蒸汽、洗涤水，同时，生产工艺中有些工序有废弃物（菌体、淀粉渣）、废水（玉米浸泡水、离子交换树脂处理水、洗涤水等）排出，大力提高柠檬酸生产资源与能源的利用效率，以及搞好综合利用和废水治理正是清洁生产审核应迫切需要解决的问题。

2005—2015 年，生产 1t 柠檬酸的水耗从 57t 下降到 25t、汽耗从 7.32t 下降到 5.10t，分别下降了 56%、30%。这些主要技术经济指标下降充分说明，先进生产企业与一般生产企业有很大差距，一般企业进行清洁生产潜力很大，而先进企业也有一定潜力。

二、 清洁生产主要的评审标准与依据

柠檬酸企业清洁生产主要包括节水、节电、节能，节约原材料，搞好废弃物综合利用和废水治理，加强生产组织与管理。柠檬酸清洁生产的要求包括生产工艺与装备要求、资源能源利用指标、污染物产生指标、废弃物回收利用指标、组织与管理要求。

清洁生产审核要将柠檬酸生产企业主要技术经济指标参考国家有关标准与指标，以找出差距与目标。目前，国家制定与发布的柠檬酸行业清洁生产有关的标准与指标主要是四个（表 5-5），可以作为企业清洁生产的参考依据。一个是《发酵行业清洁生产评价指标体系》（国家发展改革委公告［2007］41 号）中柠檬酸部分，该指标体系提出了评估柠檬酸行业各项指标的权重值和基准值，通过计算与评分，即能得出企业实施清洁生产的绩效；一个是《聚氯乙烯等 17 个重点行业清洁生产技术推行方案》（工业和信息化部节［2010］104 号）中柠檬酸行业部分，提出到 2012 年行业主要原料和能源消耗（单位产品耗粮、取水、耗电、耗标煤、废水量）应达到的指标；再一个是《轻工行业节能减排先进适用技术指南》（工业和信息化部 2012 年 9 月，无文号），其中《发酵行业节能减排先进适用技术指南》将柠檬酸生产主要消耗指标分为国内准入、国内一般（即国内基本）、国内先进、国际先进四档。三个标准与要求的制定由于处于不同时间与背景，因此有差别甚至有很大差别（表 5-5），但仍可作为清洁生产与审核的参考依据，引用时应说明具体来源与使用情况。除此之外，还可参阅《柠檬酸单位产品能耗消耗限额》（QB/T 4615—2013）。

最后一个是环境保护部发布的《柠檬酸工业水污染物排放标准》（GB 19430—2013），柠檬酸工业水污染物排放标准规定了企业严格的水污染物排放限值，化学需氧量（COD）、生化需氧量（BOD）直接排放限值分别为 100mg/L、20mg/L，特别是提出了 TP、TN、NH_3-N 直接排放限值分别为 1mg/L、20mg/L、10mg/L，并规定单位产品基准排放水量为 20m^3/t。

表 5-5　　　　　　　　　　　与柠檬酸清洁生产有关的标准与指标

清洁生产主要 技术经济指标	单位	工业和信息化部"节能减排先进适用技术指南""清洁生产技术 推行方案"、国家发展改革委"清洁生产评价指标体系"					
		国内准入	国内一般 （基本）	国内先进	国际水平	清洁生产	
		先进适用 技术指南	先进适用 技术指南	先进适用 技术指南	先进适用 技术指南	技术推行 方案	评价指标 体系
耗玉米原料	t/t	1.9	1.8	1.75		/	1.9
取水量	t/t	40	35	30		37	40
电耗	kW·h/t		1100	950			1100
汽耗	t/t		5.4	4.3			5
综合能耗	tce/t	2.5	1.8	1.7	1.5	1.57	1.1
发酵产酸率	%						13
提取收率	%						86
纯淀粉柠檬酸（100%）收率	%						86
废水产生量	m³/t	80	40	25		33	40
COD 产生量	kg/t						400

三、　柠檬酸清洁生产能耗测试关注点

柠檬酸企业清洁生产与审核要进行能耗测试，以确定生产每吨产品和综合利用产品能耗。应根据水表、电表、蒸汽表实测，并采用估算、计算确定柠檬酸产品能耗，特别是要关注耗能大的工艺与设备，如玉米浸泡水的浓缩工艺，发酵液的液化、浓缩、结晶工艺，柠檬酸的干燥工艺，以及发酵液的离子交换工艺（洗涤水），应清楚浓缩、结晶工艺采用多效蒸发器的效数，以及干燥设备的种类。

从表 5-5 可以看出，生产每吨柠檬酸产品汽耗很大，占综合能耗的 90% 以上，清洁生产与审核尤其要予以关注。除核算淀粉乳、糊化、糖化、浓缩、结晶、干燥工艺的蒸汽消耗外，还要关注二次蒸汽热焓回收工艺、回收率、经济效益。二次蒸汽热焓可用这些工艺的料液蒸发量与温度，查饱和水蒸气表（表 2-1）计算求得，二次蒸汽热焓

回收利用率与经济效益应是柠檬酸清洁生产审核重点，它反映了节约能耗、水耗的潜力。

另外，柠檬酸生产每吨产品的加热蒸汽潜热应与各单元操作消耗热焓衡算，其中包括：酵母菌种扩培所需蒸汽量潜热；拌料、液化、糖化工艺料液升高温度所需潜热，及产生一定蒸发量的二次蒸汽热焓；浓缩发酵液生产一吨柠檬酸所需潜热，即按多效蒸发器所需蒸汽量确定浓缩一吨发酵液所需蒸汽量；柠檬酸干燥所需加热蒸汽潜热，可根据干燥生产一吨柠檬酸的含水量，按干燥1t水消耗1.5~3t加热蒸汽计算；各发酵设备消耗一定量蒸汽潜热灭菌；加热蒸汽冷凝水的热焓；各单元操作的热量损失；生产综合利用产品所需潜热和排放二次蒸汽热焓。

实测和物料衡算确定的每吨柠檬酸产品能耗可与国家有关标准和指标比较，而综合利用产品与废水治理能耗在柠檬酸清洁生产各种标准中尚未有反映，因此可同比其他企业，也可以与理论值进行比较。

四、 柠檬酸清洁生产的高中费方案

柠檬酸企业清洁生产评审最后阶段要提出"高费与中费方案"，以申报各类项目获国家与地方支持。纵观柠檬酸企业清洁生产，主要方案应为：

（1）建立能耗（包括余热余压）和清洁生产在线监测和控制系统，提高能源和主要技术指标的管理信息化水平。

（2）柠檬酸发酵采用高效生物反应器，提高发酵效率。

（3）采用蒸汽再压缩技术回收利用玉米浸泡水浓缩、液化与糖化、浓缩与结晶、干燥工艺的二次蒸汽热焓，将加压后二次蒸汽继续用于料液的各种加热操作，减少加热蒸汽量。

（4）余压余热梯度利用与冷却水循环利用。

（5）色谱分离工艺提取柠檬酸，该工艺同比硫酸钙法沉淀工艺，柠檬酸收得率提高5%、固定相利用率提高2倍、分离后发酵液浓度提高10%，无硫酸钙废弃物产生。

（6）综合废水处理工艺改造。综合废水为活性炭柱处理水、各种洗涤水与冲洗水，COD浓度10000~11000mg/L、氨氮50~70mg/L、总磷100~120mg/L，可采用二级或三级生化处理工艺，亦应注意增加深度处理使排放废水磷含量达标。

（7）利用玉米淀粉渣、玉米浆生产饲料，柠檬酸菌丝渣生产饲料。

第九节　酵母企业清洁生产与审核

我国的酵母生产起步较晚，基础较为薄弱，与世界先进水平差距很大。直至 20 世纪 90 年代，湖北、广东省酵母生产企业才全面引进国外的先进菌种、工艺、设备生产高活性干酵母，在技术、质量、产能规模方面与世界酵母生产的差距，正在逐步缩小。

全国现有酵母生产厂 20 多家，2015 年、2016 年生产酵母及其制品分别为 40 万 t、33 万 t，行业在十二五期间营销收入实现翻番，市场需要大幅度增长。

一、酵母清洁生产基本情况

酵母行业是生物发酵产业中重要的分支产业。酵母是一种单细胞微生物，可在糖蜜培养液进行繁殖，生产面包酵母、酿酒酵母、酵母抽提物、营养酵母、生物饲料添加剂等，产品广泛应用于烘焙食品、发酵面食、酿酒、调味品、营养健康、动物营养等领域。

为改变酵母生产高能耗、高污染的局面，提高企业的核心竞争力，拓展企业发展空间，酵母清洁生产是重要的手段和措施，它对提高企业基础管理，促进企业技术进步，在节能、降耗、减污、增效等方面具有极其重要的现实意义。我国酵母生产与国际酵母生产水平比较可见表 5-6。

表 5-6　　　　　　　　　　我国与国际酵母生产水平比较

项目	t 产品/ 标准煤耗/tce	t 产品/ 电耗/kW·h	t 产品/ 取水量/m³	t 产品/ 耗糖蜜量/t	t 产品/ 耗尿素量/t
全国平均水平	0.70	3100	82	6.1	0.17
国内先进水平	0.66	2800	70	5.6	0.15
国际水平	0.70	2420	120	4.5	0.15

二、清洁生产主要评审标准与依据

酵母生产国家层面的节能减排指标与标准很少。目前，国家发展改革委正在制定《发酵行业（酵母）清洁生产评价指标体系》并进行征求意见，该指标体系提出了酵母行业被评估各项指标的权重值和基准值（表 5-7），通过计算与评分，即能得出考评企业实施清洁生产的绩效，应着重指出的是，该《清洁生产评价指标体系》提出了"余热余压回收率"，这在食品同类标准中较少出现，我国的酵母生产能耗（汽耗与电耗）与世界先进水平有较大差距，无疑该指标将推动行业的节能减排。另外，环境保护部下达了《酵母工业水污染物排放标准》（GB 25462—2010），规定了酵母生产企业水污染物排放浓度限值，以及生产吨酵母基准排水量（80m³/t），特别是规定了 NH_3 – N、TN、TP 排放浓度限值为 10mg/L、20mg/L、0.8mg/L。

表 5 – 7　　　　　　　　　　　　**酵母行业清洁生产标准（征求意见稿）**

主要技术经济指标	单位	清洁生产指标体系要求		
		Ⅰ级	Ⅱ级	Ⅲ级
发酵液发酵水平	g/kg	7.0	6.5	5.5
发酵液酵母回收率	%	99.9	99.7	99.0
发酵糖消耗量	t/t	2.2	2.4	2.6
取水量	t/t	70	80	90
综合能耗	tce/t	0.9	1.0	1.1
冷却水循环利用率	%	99	97	95
余热余压回收率	%	35	25	15
废水产生量	m³/t	60	70	80
生产规模	t/a	15000	10000	6000
人均年产量	t/人	200	150	100

三、 酵母清洁生产能耗测试关注点

通过建立酵母生产物料与能耗衡算，分析酵母清洁生产与审核的原料利用率与流失率，物料流失的部位和环节；测定能源消耗率与回收利用率；核算废弃物数量，为清洁生产方案的产生提供了科学依据。

审核重点拟从三个方面考虑。一是总物料衡算，分析审核重点是总的物料输入与输出；二是水与蒸汽的衡算，分析和测算生产系统的取水、加热蒸汽与耗用蒸汽的平衡，找出水和蒸汽的流失及使用不合理环节；三是糖分平衡，糖蜜是生产的最主要原料，糖分的利用率或流失率对企业的效益和生产成本以及环境影响起着至关重要的作用。

酵母企业清洁生产与审核要进行能耗测试，以确定生产每吨产品和综合利用产品能耗。应根据水表、电表、蒸汽表实测，并采用估算、计算确定每吨产品能耗，特别是要关注耗能大的工艺与设备，如，酵母的大量洗涤水、发酵液酵母分离机的高电耗，糖蜜发酵废母液的浓缩工艺与干燥设备的蒸汽消耗和二次蒸汽回收率，应清楚发酵废母液浓缩工艺采用多效蒸发器的效数，以及干燥设备的种类。

物料衡算确定的每吨酵母产品能耗可与国家有关标准和数据比较，而综合利用产品（糖蜜发酵废母液肥料）与废水治理能耗在酵母清洁生产各种标准尚未有反映，因此可同比其他企业，也可以与理论值进行比较。

四、　酵母清洁生产的高中费方案

酵母企业清洁生产评审最后阶段要提出"高费与中费方案"，以申报各类项目争取国家与地方支持。纵观酵母企业清洁生产，主要方案应为：

（1）筹建能耗（包括余热余压回收利用率）在线监测系统，提高能源管理信息化水平。

（2）采用诱变育种、杂交及原生质体融合技术选育高浓度糖蜜发酵的优良酵母菌种，以及选用高密度发酵技术，提高糖蜜酵母发酵率、转换率。

（3）酵母分离机与各类水泵、电机、空压机、风机等用电设备采用变频恒压及 PLC 自动控制，以达到较大幅度节约电能。

（4）采用蒸汽再压缩技术，回收酵母干燥工艺、糖蜜发酵液灭菌与冷却工艺、发酵废母液浓缩工艺的二次蒸汽热焓。将加压后的二次蒸汽继续用于加热等单元操作。

（5）酵母分离产生的发酵废母液，属高浓度废水（COD 浓度为 65000～100000mg/L），需采用浓缩—干燥工艺生产生物有机复合肥料，浓缩工艺产生的二次蒸汽冷凝水、真空转鼓废水、各种清洗废水属中低浓度废水（COD 浓度为 2500～8000mg/L），经一级厌氧——一级好氧为主的多级治理工艺处理，治理后的废水浓度达到当地水污染排放标准（间接排放标准）的要求，进入当地污水处理厂处理后排放。

（6）糖蜜预处理产生的糖渣（0.32t/t 干酵母）进行回收利用，生产饲料。

第十节　淀粉企业清洁生产与审核

我国是世界上淀粉生产大国，2015 年、2016 年生产淀粉分别为 2052 万 t、2259 万 t，其中玉米淀粉均占九成以上。2017 年玉米消费总量将继续提高，饲料和深加工玉米消费量增幅均较大，预计玉米产量有 1800 万 t 的增长空间，可增至 2.09 亿 t，因此也给玉米淀粉生产带来机遇。全国规模以上淀粉生产企业遍布全国 30 个省、市、自治区，除西藏外都有。我国农业区域的自然条件，形成了北方玉米产量大，两广木薯和西北马铃薯产量多，而淀粉深加工企业主要集中在南方沿海地区的格局。

一、 淀粉清洁生产基本情况

我国淀粉企业的特点是有一定规模的大型淀粉企业比例低，小型淀粉加工企业数量多。年产百万 t 级以上的玉米淀粉企业，管理水平较高，干物质回收率、资源消耗、淀粉质量接近国外先进水平，资源综合利用水平较高，排放的废水量小且污染负荷低，可以达到甚至低于国家排放标准。而大部分 10 万 t 级以下的玉米淀粉企业，其污染物排放远高于国外水平，甚至达不到国家规定的排放标准要求。特别是年产千吨级淀粉企业，规模不经济，布局分散，产品单一，质量不高，技术含量差，附加值低，严重制约了淀粉生产企业副产品生产和经济效益的提高，由于粗放的生产方式，淀粉收率低，干物质损失率高，水循环利用率低，小型淀粉企业生产水耗是国外先进淀粉企业的 6 倍以上，电耗、汽耗分别是国外先进淀粉企业的 1.5 倍和 2 倍，生产成本比年产 10 万 t 的淀粉企业要高出 20%。薯类淀粉小型企业排放大量的淀粉渣、原料残渣及蛋白黄浆，废渣（浆）的任意堆放，造成企业周边及区域水环境恶化。

以玉米、薯类、小麦为原料生产淀粉，都只利用其中的淀粉成分，其他成分如蛋白质、脂肪、纤维素、可溶性碳水化合物等均成为废弃物排出。以玉米为例，淀粉含量在 65%，即使提取率达 100%，也有 35% 的原料为副产物。这部分副产物大型企业可生产不同的产品，如玉米油、蛋白粉、颗粒饲料等，小型企业尚未很好利用，部分副产物成为高浓度废水（渣）排放，增加废水的污染负荷与治理难度。

玉米淀粉生产企业的污染治理达标率高于薯类原料的淀粉生产，但众多的中小企业废水排放不达标是淀粉工业面临的主要环境问题。薯类淀粉生产企业，基本上是季节性生产，年生产周期 3~4 个月，木薯一年是两个生产期，马铃薯一年是一个生产期，生产时间短不利于废水生化处理，再加上企业规模小，造成薯类淀粉生产企业的废水大多只进行一级处理。

清洁生产技术是解决我国淀粉企业减少污染、提高产品收得率和质量、提高经济效益的一条可行的途径。玉米淀粉生产使用清洁生产技术可较大幅度地降低淀粉生产加工企业的用水量，减少废水的排放量，同时能提高淀粉、蛋白粉、饲料和玉米油的产量和质量。玉米淀粉清洁生产技术是从原料开始，生产过程实现闭环生产，从而实现排出的废水、废物、废气最少，原材料消耗最低，达到产品的高质量。

二、清洁生产主要评审标准与依据

环境保护部下达了《玉米淀粉行业清洁生产标准》（HJ/T 445—2008）、《淀粉工业水污染物排放标准》（GB 25461—2010）、《淀粉废水治理工程技术规范》（HJ 2043—2014）。其中，《玉米淀粉行业清洁生产标准》规定了玉米原料清洁生产主要技术经济指标（表5－8）；《淀粉工业水污染物排放标准》规定了淀粉、变性淀粉、淀粉糖、淀粉制品生产企业水污染物排放浓度限值，以及生产1t淀粉基准排水量（玉米原料3m³/t、薯类原料8m³/t），特别是规定了 NH_3-N、TN、TP 排放浓度限值（15mg/L、30mg/L、1mg/L）；《淀粉废水治理工程技术规范》规定了淀粉（玉米浸泡水）、变性淀粉、淀粉糖生产废水工程设计、施工、验收和运行维护的技术要求。

表5－8　　　　　　　　　　玉米淀粉行业清洁生产标准

清洁生产主要技术经济指标	单位	清洁生产要求			备注
		I级	II级	III级	
耗电量	kW·h/t	200	220	250	
取水量	m³/t	3.0	4.5	6.0	
水重复利用率	%	85	70	60	
玉米淀粉收率	%	70	68	67	
总产品干物收率	%	99	95	92	
硫磺用量	kg/t	1	2.2	3	
废水产生量	m³/t	2.8	4.0	5.0	★玉米与小麦淀粉3m³/t、薯类淀粉8m³/t
化学需氧量产生量	kg/t	14	24	32	
玉米浸泡水综合利用率	%	100	95	90	
玉米皮渣利用率	%	100	95	90	

注：★摘自《淀粉工业水污染物排放标准》不同原料生产1t淀粉排放水量。

小麦、马铃薯、木薯淀粉暂时无清洁生产标准，清洁生产审核主要技术经济指标可比较行业其他企业，也可以对本企业生产 1t 淀粉耗能进行理论计算确定耗能指标。如可将本企业耗蒸汽量大的设备（干燥机）进行加热蒸汽潜热与干燥淀粉的二次蒸汽热焓衡算，计算出干燥 1t 淀粉的汽耗，将实际生产能耗与理论值比较，即可得出生产 1t 淀粉能耗是否先进。

三、 淀粉清洁生产能耗测试关注点

生产淀粉企业清洁生产与审核要进行能耗测试，以确定生产 1t 产品和综合利用产品能耗。由于能耗（水、电力、蒸汽）测试点多，应遵循物料衡算原则，在熟悉生产工艺和能耗点（浸泡、分离、精制、洗涤、干燥、多效蒸发等单元操作及冷凝水、二次蒸汽）基础上，根据水表、电表、蒸汽表实测，并采用估算、计算方法分别确定产品能耗。要关注耗能大的工艺与设备，如，玉米浸泡水、淀粉洗涤水，多效蒸发器和干燥器的耗蒸汽量与产生的二次蒸汽量，以及二次蒸汽冷却水量。

淀粉生产过程中，淀粉原料成分除含淀粉外，几乎全部都有使用价值。玉米淀粉生产可同时生产玉米油、玉米蛋白、纤维饲料等，而淀粉还可用于生产味精、柠檬酸、酵母等产品；小麦淀粉联产麸皮与谷朊粉；马铃薯淀粉生产可联产马铃薯蛋白制品。

四、 淀粉清洁生产的高中费方案

淀粉企业清洁生产评审最后阶段要提出"高费与中费方案"，以申报各类项目争取获得国家与地方支持。纵观淀粉企业清洁生产，主要方案应为：

（1）筹建生产工艺指标和能耗（包括余热余压回收利用率）在线控制与监测装置，提高生产工艺和能源管理信息化水平。

（2）玉米淀粉生产采用闭环逆流循环工艺技术。即在淀粉最后一次洗涤时使用新鲜水，其他生产过程均使用过程的工艺水，将玉米浸泡水浓缩生产玉米浆。玉米浆可生产饲料或药品，以及提取玉米黄色素、制造膳食纤维等产品。

（3）马铃薯淀粉生产的浓蛋白汁液（含蛋白 2%），采用固液分离、浓缩、干燥工艺生产蛋白粉及其蛋白制品。

（4）采用蒸汽再压缩技术，回收玉米浸泡水浓缩与淀粉（包括副产品）干燥工艺的二次蒸汽热焓。将加压后的二次蒸汽热焓继续用于加热等单元操作。

（5）用沉降、筛分、过滤和离心分离设备回收各类废水的淀粉悬浮物，以及回收麸质、副产物，提高固形物回收率。

（6）马铃薯破碎使用高速锉磨机；淀粉提取采用不锈钢制造的曲筛，以大大减少洗涤水用量；淀粉洗涤采用多级旋流器或碟片喷嘴离心机进行逆流洗涤减少取水。

（7）淀粉生产综合废水技术改造

淀粉生产废水的 COD_{Cr}、BOD_5、SS、NH_3-N、TN 和 TP 等各项污染物指标的含量均较高，因此在考虑对有机污染物去除的同时，要考虑对 TN、TP、NH_3-N 的去除。淀粉生产综合废水应采用以一级厌氧与一级好氧工艺为主的多级治理。污水中总氮和氨氮脱除的主要技术为生物脱氮，而对磷的去除方法既可采用化学凝聚除磷工艺，也可采用生物除磷工艺。

马铃薯淀粉综合废水应在沉淀池前设置消泡设施，然后采用厌氧—好氧为主的多级治理工艺；薯类原料的清洗废水应通过沉砂工艺去除砂后进入调节池；淀粉糖与变性淀粉综合废水需投加营养盐调节碳氮比后再进入厌氧工艺。

（8）马铃薯、木薯渣含有多种有机质、矿物质。淀粉渣生产可进一步生产膳食纤维、饲料、燃料、肥料。

第十一节　制糖企业清洁生产与审核

制糖行业是采用甘蔗、甜菜、原糖为原料，通过物理和化学的方法，去除杂质，生产食糖产品的加工行业。其中，原糖是未经精炼的粗糖。制糖行业是食品工业的基础行业之一，在国民经济中占有重要地位。2014—2015 年、2015—2016 年，全国食糖产量分别为 1055 万 t（生产企业 245 家）、870 万 t（生产企业 229 家），已成为世界第四大产糖国，占世界总产糖的 5.8%。世界食糖人均消费量为 25kg/a，亚洲各国人均消费量为 20kg/a，中国人均消费量为 11kg/a。我国人均消费水平仅为世界平均水平的 44%、亚洲平均水平的 55%，可见，中国制糖工业尚有一定的发展前景。近几年，我国食糖产量呈下降趋势，主要原因是国际糖价低迷，大量低价进口糖涌入国内，致使国内食糖市场价格持续下跌，糖料种植面积减少。实际上，我国食糖生产是产不足销，因此制糖行业应有发展的余地，特别是在生产企业的现代化改造、清洁生产方面，以及提高糖的回收率，降低原材料、能源消耗及生产成本，提高产品的国际竞争能力。

一、制糖清洁生产基本情况

我国制糖技术装备水平相比发达国家比较落后，主要是劳动生产率低、生产设备落后、能耗高、生产成本高、产品品种少与质量低等多个方面。制糖企业生产能耗是发达国家的 1.5 倍，取水量是发达国家的 6 倍。详见我国与国际甘蔗制糖水比较（表5 - 9）。

表 5 - 9　　　　　　　　　　　我国与国际甘蔗制糖水平比较

项目	百吨蔗耗标准煤/tce	吨蔗耗电/（kW·h）	吨蔗废水量/m³	吨蔗 COD/kg	吨蔗悬浮物量/kg
全国平均	6.0	31.3	7.8	8.6	6.1
国内先进水平	4.0	18.3	2.0	1.8	1.0
国际水平	3.1 ~ 4.0	20.0	0.8 ~ 1.6	1.0	0.3

制糖行业要保持稳定、快速发展，不能以简单增加资源、能源、劳动力来扩大生产，应在降低制糖生产能耗基础上，搞好甘蔗与甜菜制糖循环经济和产业废弃资源的综合利用，实现甘蔗渣与甜菜渣利用率、糖蜜利用率、滤泥利用率、综合废水处理率均达100%，从而达到降低生产成本，增加经济效益。从长远来看，市场需求的趋稳和蔗糖产量的增加，有时蔗糖市场会出现供大于求的状况，因此，发展蔗糖深加工是一个重要的方向。制糖工业部分产品可调整为以食糖原料生产各种深加工产品，如精制糖、优级糖、可压缩糖、甜味剂、精细化工产品等。

二、　清洁生产主要评审标准与依据

国家发布的与制糖清洁生产有关的标准、规范、指南主要有六个（表 5 - 10）。其中有：环境保护部下达的《甘蔗制糖业清洁生产标准》（HJ/T 186—2006），标准规定了资源能源利用、污染物产生指标，以及生产吨糖排水量和水污染物排放浓度；《轻工行业节能减排先进适用技术指南和应用案例》（工业和信息化部 2012 年 9 月，无文号），其中的《制糖行业节能减排先进适用技术指南》规定了"甘蔗、甜菜制糖综合能源消耗水平""甘蔗、甜菜制糖资源消耗水平""甘蔗、甜菜制糖污染物排放水平"；《制糖行业清洁生产技术推行方案》（工业和信息化部节［2011］113 号）和《制糖行业清洁生产水平评价标准》（QB/T 4570—2013）；《糖单位产品能源消耗限额》（GB 32044—2015）。

最后一个是环境保护部下达的《制糖工业水污染物排放标准》（GB 21909—2008），标准规定了制糖生产企业水污染物排放浓度限值，以及制糖基准排水量（甘蔗 51m³/t、

表5-10　与制糖清洁生产有关的标准

工业和信息化部"节能减排先进适用技术指南""清洁生产技术推行方案"、环境保护部"清洁生产标准"、"清洁生产水平评价标准"

清洁生产主要技术经济指标	单位	国家发展改革委 单位产品能源消耗限额	国内一般（基本）		国内先进			国际水平			制糖行业清洁生产技术推行方案
			先进适用技术指南	清洁生产水平评价标准	先进适用技术指南	清洁生产标准	清洁生产水平评价标准	先进适用技术指南	清洁生产标准	清洁生产水平评价标准	
耗甘蔗	耗原料、原糖/t(糖)		8.5	10	7.0		8.7	6.8		8.0	
耗甜菜			8.0	10	7.0		8.3	6.5		7.1	
耗原糖				1.09			1.06			1.04	
吨蔗	m³/t		3.5			2.0			1.0		28.3
甘蔗糖	m³/t		16	24	4		16	0.1		4	
甜菜糖	m³/t		28	28	12		20	0.1		17.9	
原糖	m³/t			3			2.5			1.5	
100t蔗			6.0			5.0			4.0		
甘蔗糖		0.55 (0.23)	0.7	0.55	0.46		0.42	0.38		0.32	0.40
甜菜糖		0.63 (0.32)	0.8	0.58	0.62		0.46	0.43		0.36	0.40
原糖		0.32 (0.20)		0.32			0.30			0.22	

（"的取水量"对应吨蔗、甘蔗糖、甜菜糖、原糖各行；"综合能耗/(tce/t)"对应100t蔗、甘蔗糖、甜菜糖、原糖各行）

*（ ）先进值

续表

清洁生产主要技术经济指标	单位	国家发展改革委 单位产品能源消耗限额	工业和信息化部"节能减排先进适用技术指南""清洁生产技术推行方案" 环境保护部"清洁生产水平评价标准""清洁生产标准" 国内一般（基本）			国内先进			国际水平			制糖行业清洁生产技术推行方案
			先进适用技术指南	清洁生产标准	清洁生产水平评价标准	先进适用技术指南	清洁生产标准	清洁生产水平评价标准	先进适用技术指南	清洁生产标准	清洁生产水平评价标准	
水重复利用率	(%) 甘蔗		70	70	95	90	80	90	99	90	70	
	甜菜		70			85			99			
总回收率	(%) 甘蔗				83		85				88	
	甜菜				79		81				85	
	原糖				92		94				96	
吨糖废水产生量	(m³/t) 甘蔗		20		28	8	20		7	28	8	
	甜菜		32		32	16	24		4	32	22	
	原糖				1.5		1		1.5		0.8	
COD产生量	(kg/t) 甘蔗		3.5	3.5	17.5	0.6	2.0	12.5	0.6	1.0	5	14.5
	甜菜		5.8		20	1.6		15	0.4		13.7	14.5
	原糖				3		2			1.5		

甜菜 $32m^3/t$），特别是规定了 $NH_3 - N$、TN、TP 排放浓度限值分别为 10mg/L、15mg/L、0.5mg/L。

三、 制糖清洁生产能耗测试关注点

制糖企业清洁生产与审核要进行能耗测试，以确定生产每吨产品和综合利用产品能耗。由于能耗（水、电力、蒸汽）测试点多，应遵循物料衡算原则，在熟悉生产工艺和能耗点（动力、甜菜流送、压榨、澄清、洗涤水、多效蒸发、冷凝水、结晶、干燥等单元操作）的基础上，根据水表、电表、蒸汽表实测，并采用估算、计算方法分别确定产品能耗。要关注耗能大的工艺与设备，如甜菜湿法输送与洗涤水；多效蒸发器、结晶器、干燥机的耗蒸汽量与产生的二次蒸汽量，以及二次蒸汽冷却水量。

应指出的是，原糖是粗糖，只是将甘蔗汁、甜菜汁经简单过滤、澄清、浓缩、结晶、分蜜制成的带一层糖蜜，不供直接食用，可作为精炼糖厂的再加工原料。原糖生产无原料处理，因此原糖生产的能耗、综合废水量与浓度同比甘蔗与甜菜原料制糖生产要低些。清洁生产审核要关注企业有无原糖生产食糖。

四、 制糖清洁生产的高中费方案

制糖企业清洁生产评审最后阶段要提出"高费与中费方案"，以申报各类项目争取获得国家与地方支持。纵观制糖企业清洁生产，主要方案应为：

（1）干法输送甜菜工艺替代水力输送。

（2）低碳低硫制糖新工艺　利用纯化的烟道气中二氧化碳，替代亚硫酸法制糖的部分二氧化硫，澄清蔗汁和糖浆，减排二氧化碳温室气体。

（3）全自动连续煮糖技术　连续煮糖技术替代传统的间歇煮糖工艺，较大幅度节约能耗。

（4）建立制糖生产集成控制与能耗在线监测系统　利用信息化技术改造制糖生产，使企业经营管理、生产与能耗控制得到最大限度的优化。在线监测系统除监测各工序取水量、电力消耗、加热蒸汽消耗量与冷凝水量外，还应包括浓缩、结晶、干燥工艺的二次蒸汽热焓及回收利用率。

（5）烟道气余热利用技术　利用锅炉烟道气余热干燥蔗渣，降低生产能耗。

（6）糖液浓缩和产品干燥采用蒸汽再压缩技术　糖液浓缩原采用多效蒸发器能耗比较大，可采用蒸发器—热泵工艺，将最后一效蒸发器排出的二次蒸汽再进行压缩，提

高压力与温度后继续用于生产，二次蒸汽不再需要大量冷却水，大幅度降低生产能耗。产品干燥也可采用二次蒸汽再压缩技术，回收二次蒸汽热焓。

（7）蔗糖的精深加工，以蔗糖为原料经过生物途径开拓蔗糖新产品　蔗糖通过氧化、氢化、脂化、水解、酸与碱降解工艺，制备具有广泛用途的化合物中间体或最终产品，产品产值较高，如，蔗糖脂、甘油、山梨醇、蔗糖氯衍生物甜味剂、烯丙基蔗糖、焦糖色素。蔗糖原料深加工的产品还可采用酶法生产果糖、果葡糖浆、低聚果糖、低聚乳果糖，及采用合成法生产三氯蔗糖及其衍生物。

目前，以蔗糖为原料生产低聚果糖已有生产，并投入市场，其他功能性低聚糖也在开发之中。功能性低聚糖是保健食品的一种功能因子，具有一种或多种生理调节功能，它们有的难以被人体消化吸收，能选择性地被人体有益菌双歧杆菌所利用，成为增殖因子，有的具有防龋齿功能，有的还抑制肠道腐败菌生长。功能性低聚糖的兴起为蔗糖的深加工开辟了新的途径。

（8）制糖生产综合废水处理技术改造　制糖生产的高浓度废水是糖液经浓缩结晶后剩下的废糖蜜，废糖蜜可以直接出售，也可生产酵母、酒精等综合利用产品，但由此产生的废母液、废糟液必须生产有机肥料。

制糖企业的综合废水主要来自处理甜菜原料洗涤废水，以及罐、反应器、设备的洗涤水，车间冲洗水，综合利用生产的废水，以及浓缩与结晶设备洗涤水与二次蒸汽冷凝水，均属中浓度有机废水范围。

为达到"制糖行业水污染物排放标准"，综合废水可视污染物浓度 COD 500～1600mg/L，采用一级或二级生化（一级好氧、一级厌氧与一级好氧、二级好氧）处理工艺，各种废水清污分流后以 COD 1000mg/L 为界，以下采用一级或二级好氧为主的生化处理工艺，以上采用一级厌氧与一级好氧为主的生化处理工艺。

制糖企业排放废水已执行的《制糖业水污染物排放标准》，标准提出了氨氮、总氮、总磷排放指标。为严格达标排放，应改造原处理工艺，增加深度处理工艺。有企业将综合废水采用一级厌氧或一级好氧工艺治理后，按规定排入地方污水处理厂处理也是可行的。

（9）糖蜜罐区周围应设围堰与截污沟，蔗渣堆场地面应有排水与硬化措施，避免污染地下水及发霉腐烂产生恶臭气体。

（10）制糖生产企业附设的糖蜜酵母、糖蜜酒精、蔗渣制浆造纸车间，应按相关标准和要求处理废水、废渣。

第十二节　饮料企业清洁生产与审核

饮料制造业（包括碳酸、果蔬汁、浓缩果蔬汁、植物蛋白、固体、包装饮用水、风味、含乳、茶饮料等）是国民经济重要产业。2016 年饮料产量为 1.83 亿 t，该行业的主要经济指标基本上是逐年增长的，整个行业发展较快，特别是包装饮用水。目前饮料生产企业正在以转变经济发展方式为主线，围绕经济效益和环境生态效益相统一的目标，促进生产技术进步和管理提升。行业通过清洁生产推进产品节能减排进程，实现资源能源利用效率最大化，废水与废物产生量与排放量最小化，提高市场竞争能力。

一、　饮料清洁生产基本情况

饮料有多种产品，就生产工艺来说有所不同，如碳酸饮料是将原料处理（溶糖）、混比、充入二氧化碳、灌装（有的采用两次灌装工艺）；果蔬汁饮料是将原料清洗、破碎、酶处理、榨汁、澄清、脱气、分离、处理、杀菌、灌装，浓缩果蔬汁只是在原料破碎榨汁分离基础上，将果蔬汁浓缩、处理、杀菌、灌装；果蔬浆是将原料清洗、处理、破碎、打浆、脱气、均质、杀菌、灌装，浓缩果蔬浆是在果蔬打浆基础上，将果蔬浆浓缩、脱气、包装；包装饮用水是将原水粗滤、精滤、灭菌、反渗透处理、灌装；果肉饮料是将果浆配制、均质、杀菌、灌装；含乳饮料是先将原料预混与原料乳标准化，再混合、预热、均质、灭菌、灌装产品；植物蛋白饮料是将原料浸泡、磨浆、分离、煮浆、调配、均质、灭菌、灌装；茶饮料是先将茶叶浸取与进行辅料准备，再分离、调配、灭菌、灌装，茶浓缩液与茶粉是将浸提液浓缩与干燥成产品；固体饮料是将某些农副产品、浸提、分离、浸提液浓缩、干燥成产品，还有的是将各种固体饮料原料混合、成型、干燥、包装；风味与特殊用途饮料是将原料调配、杀菌、灌装。所有这些饮料产品的生产大量地使用原材料与耗能，有些将产生冷却水、二次蒸汽、洗涤水（冲洗生产设备与包装瓶），同时，生产工艺中有些工序有废弃物（果蔬渣、炉渣、污泥），废水（各种原料与设备的洗涤水）排出。应指出的是，生产不同类型饮料，上述各单元操作就清洁生产机会与潜力来讲是相同的。

全国规模以上饮料生产企业 2100 多家。2016 年饮料全行业取水 7.5 亿 t、耗煤 700 多万 t，能耗折标煤 500 万 tce。按《饮料制造取水定额》（QB/T 2931—2008）和《饮料制造综合能耗限额》（QB/T 4069—2010）规定，饮料企业生产 1t 产品的取水量与综合能耗分别分为三个级别与三个档次，这说明先进生产企业与一般生产企业有很大差距，一般企业进行清洁生产潜力很大，而先进企业也有一定潜力。

二、　清洁生产主要的评审标准与依据

饮料企业清洁生产主要包括节水、节电、节能，节约原材料，搞好废弃物综合利用和废水治理，加强生产组织与管理。大力提高饮料生产的资源与能源的利用效率，以及搞好综合利用与废水处理是清洁生产审核应迫切需要解决的问题。

清洁生产和审核要将企业主要技术经济指标比较国家有关标准，以找出差距与目标。目前，行业协会制定与发布的与饮料行业清洁生产有关的标准主要是三个，可以作为企业清洁生产的参考。一个是中国饮料工业协会制定的《饮料制造取水定额》（QB/T 2931—2008），它规定了主要行业生产1t饮料产品的一级（国内先进）、二级（国内较好）、三级（国内一般，即准许值）取水定额及调节系数；一个是《浓缩果蔬汁（浆）加工行业准入条件》（工业和信息化部2011年27号公告），准入条件规定了浓缩果蔬汁、果蔬原浆生产线的原料处理能力（包括浓缩），以及生产1t产品取水定额（二个级别指标），还规定了废水处理能力，综合利用产品生产能力；再一个是《饮料制造综合能耗限额》（QB/T 4069—2010），限额规定了生产主要饮料产品的综合能耗的限定值、准入值、先进值，详见表5–11。应着重指出的是，表5–11列出的单位产品综合能耗限额均以水果等农产品原料为饮料生产的依据，如果是部分或全部购买浓缩液、果蔬原浆、固体粉剂生产饮料，则表中数据需做调整。另外，饮料包装瓶的自生产与外购，也会导致生产能耗的变化。

表5–11　　　　　　　　　　饮料制造单位产品综合能耗限额

饮料种类	综合能耗限额的调节系数 1. 自制PET瓶；2. 外购PET瓶坯，自吹瓶；3. 回收玻璃瓶	综合能耗限额/（kgce/t）			备注
		限定值	准入值	先进值	
碳酸饮料	1. 1.8~2.5；2. 1.5~2.0；3. 3	20	15	9	
包装饮用水	1. 2.3~3.3；2. 1.8~2.5；3. 0.6	8	5	3	

续表

饮料种类	综合能耗限额的调节系数 1. 自制PET瓶；2. 外购PET瓶坯，自吹瓶；3. 回收玻璃瓶	综合能耗限额/（kgce/t）			备注
		限定值	准入值	先进值	
茶饮料、果蔬汁与特殊用途饮料、风味与植物饮料	1. 1.5； 2. 1.2； 3. 纸塑复合包装、无菌灌装0.9； 4. 萃取工艺1.3； 5. 果蔬直接生产2.5	40	30	20	蔬汁原料外购
植物与复合蛋白饮料、咖啡与谷物饮料	1. 纸塑复合包装，无菌灌装0.8； 2. PET瓶外购，无菌灌装0.8； 3. 外购PET瓶坯自吹瓶，无菌灌装0.9； 4. 自制PP瓶1.1	70	60	50	1. 金属罐、玻璃瓶和PP瓶外购，加压杀菌； 2. 自制PET瓶，无菌灌装
含乳饮料	1. 纸塑复合包装与外购PET瓶，无菌灌装0.8； 2. 自制HDPE瓶、超洁净热灌装、添加萃取植物成分1.1； 3. 原料为奶粉0.85	65	55	45	1. 玻璃瓶和HDPE瓶外购，热灌装或常压杀菌； 2. 自制PET瓶，无菌灌装
固体饮料	湿混加工7~10 喷雾干燥50~70	45	35	25	干混加工

续表

饮料种类	综合能耗限额的调节系数 1. 自制 PET 瓶；2. 外购 PET 瓶坯，自吹瓶；3. 回收玻璃瓶	综合能耗限额/（kgce/t）			备注
		限定值	准入值	先进值	
浓缩果蔬汁		600	500 （此值也为工业和信息化部 2011 年 27 号公告提出的"浓缩果蔬汁加工行业单位产品综合能耗的准入值"）	400 （此值也为工业和信息化部 2011 年 27 号公告提出的"浓缩果蔬汁加工行业单位产品综合能耗的先进值"）	1. 200L 以上大袋无菌包装； 2. 浓缩果蔬汁浓度不小于 60%，蒸汽浓缩工艺； 3. 工业和信息化部 2011 年 27 号公告提出的"浓缩果蔬汁（不含加水制汁）加工行业一、二级取水定额分别为 8m³/t、10m³/t"
果蔬原浆		90	75 （此值也为工业和信息化部 2011 年 27 号公告提出的"果蔬原浆加工行业准入值"）	60 （此值也为工业和信息化部 2011 年 27 号公告提出的"果蔬原浆加工行业先进值"）	1. 200L 以上大袋无菌包装； 2. 工业和信息化部 2011 年 27 号公告提出的"果蔬原浆（不含加水制汁）加工行业一、二级取水定额分别为 8m³/t、10m³/t"

由表 5－11 可知，在各种饮料中，生产浓缩果蔬汁的能耗最高，这主要是果蔬榨汁后，采用多效蒸发器进行浓缩的原因。另外，浓缩果蔬汁的能耗，还与采用多效蒸发器的效数有很大关系。

三、 饮料企业清洁生产能耗测试关注点

饮料企业清洁生产与审核要进行能耗测试，以确定生产 1t 产品和综合利用产品能

耗。由于能耗（水、电力、蒸汽）测试点多，应遵循物料衡算原则，根据有关标准与规范，在掌握企业生产各种产品产量基础上，熟悉生产工艺和能耗点，根据水表、电表、蒸汽表实测，并采用估算、计算方法分别确定各种饮料产品能耗，要关注耗能大的工艺与设备，如浓缩工艺采用双效与三效或三效与四效蒸发器，生产1t浓缩液汽耗可相差一倍，另外，干燥机的汽耗也是很大的。还应关注企业的生产能耗不应包括从市场购买浓缩液（浆）、固体饮料产品配制饮料的生产能耗。

部分企业既生产果蔬汁、茶、咖啡饮料，又生产浓缩果蔬汁、茶浓缩液、咖啡浓缩液，有的是全部或部分生产浓缩果蔬汁、茶浓缩液、咖啡浓缩液供应市场。生产浓缩产品工艺拟应包括水果与蔬菜洗涤，果蔬汁、茶提取液、咖啡提取液的制备和浓缩、灌装，废弃物综合利用，高中浓度废水治理，而购置浓缩果蔬汁、茶提取液、咖啡提取液调配饮料产品的工艺只包括调配、饮料瓶洗涤与包装、低浓度废水治理。可见，饮料生产的能耗，废弃物、废水、废气的产生量和污染负荷，与是否有浓缩工艺有很大的关系。饮料生产的高能耗、高中浓度废水、污染负荷均来自浓缩果蔬汁（浆）、茶浓缩液、咖啡浓缩液生产，这些生产的浓缩工艺将消耗大量蒸汽，而且多效蒸发器最后一效的二次蒸汽冷凝液有一定的污染负荷。另外，固体饮料和果蔬渣饲料生产的干燥工艺耗能也是较大的。

无浓缩与干燥工艺的饮料企业，生产能耗除水与电外，主要也应来自蒸汽，如，来自饮料生产的高压灭菌工艺，以及碳酸饮料生产的溶糖，植物蛋白饮料、茶饮料的热水浸提等加热工艺。中低浓度废水是来自饮料产品的各种原料与设备洗涤水及车间冲洗水。

从《饮料制造综合能耗限额》（QB/T 4069—2010）可以看出，生产1t浓缩果蔬汁产品规定综合能耗较高（先进值、准入值、限定值分别为400kgce、500kgce、600kgce），主要原因是多效蒸发器的汽耗占综合能耗的90%以上，清洁生产与审核要予以注意，特别是要关注多效蒸发器的效数。清洁生产还应关注二次蒸汽热焓回收利用工艺、回收率，经济效益是至关重要的，多效蒸发器的二次蒸汽热焓可用最后一效蒸发器水分蒸发量、温度，查饱和水蒸气表（表2-1）计算求得；有关饮料中间产品的加热、加热提取、灭菌、干燥工艺二次蒸汽热焓可用中间产品料液水分蒸发量、温度，查饱和水蒸气表（表2-1）计算求得。回收的热量应区分显热（料液的热焓）与二次蒸汽热焓，经济效益应视回收的是料液热量（显热）还是二次蒸汽热焓分别进行计算。二次蒸汽热焓回收利用率与经济效益应是清洁生产审核重点，它反映了饮料生产节约能耗、水耗的潜力。

物料衡算确定的 1t 饮料产品能耗可与国家有关饮料制造综合能耗限额比较，而综合利用产品与废水治理能耗在饮料清洁生产各种标准尚未有反映，因此可比较其他企业或理论值。

四、　饮料行业清洁生产的高中费方案

饮料企业清洁生产评审最后阶段要提出"实施清洁生产高费与中费方案"，以申报各类项目获国家与地方支持。纵观饮料生产企业清洁生产，主要方案应为：

（1）运用先进的液力榨汁机械和酶解工艺提高果蔬出汁率，同比低出汁率，降低了单位产品生产能耗。

（2）优化饮料生产工艺与设备以达到节能减排，各种饮料产品的生产均需符合"合理地简化工艺流程，科学地进行动力匹配"原则。

以先进的生产设备替代落后的设备，如以燃气蒸汽锅炉替代燃煤锅炉，采用洗瓶、灌装、压盖一体化设备，用合适的生产工艺、杀菌工艺、灌装工艺、CIP 清洗系统。饮料生产企业应建立能耗（包括余热余压回收利用率）在线调控和监测系统，提高能源管理信息化水平。

（3）利用蒸汽再压缩技术回收加热及冷却工艺、中高温浸提及冷却工艺、灭菌工艺、果蔬汁与茶浓缩与冷却工艺、固体饮料与果蔬渣干燥工艺的二次蒸汽热焓，降低生产能耗。

（4）反渗透—多效蒸发联合工艺浓缩果蔬汁　先用反渗透技术浓缩果蔬汁糖度与浓度到一定程度，再采用多效蒸发器浓缩生产浓缩果蔬汁，两种工艺有一个合适的浓度平衡点，即在一定糖度前反渗透技术有优势，反之，多效蒸发器有优势，反渗透技术只耗电不使用蒸汽，从而能达到节约蒸汽的目的。

（5）采用五效蒸发器浓缩果蔬汁与茶汁　多效蒸发器比单效蒸发器节能很多，五效蒸发器比四效蒸发器节能、四效蒸发器比三效蒸发器节能，但多效蒸发器效数不宜超过五效，过多效数蒸发器投资大，且每效推动力不大，操作亦麻烦些。

（6）饮料生产综合废水处理技术改造　饮料生产的综合废水主要来自处理原料洗涤水，罐、瓶、设备、容器的洗涤水，车间冲洗水以及浓缩设备洗涤水与二次蒸汽冷凝水，其中包括碳酸饮料溶糖与配料罐、植物原料磨浆与煮浆罐、含乳原料混合罐、风味原料配料罐的洗涤水，与浓缩工艺有关的多效蒸发器与各罐的洗涤水。二次蒸汽

冷凝水罐、果蔬浆各罐的洗涤水均属中浓度有机废水范围。确定综合废水处理工艺需清楚生产工艺（包括饮料浓度），如只是生产调配饮料，则综合废水的污染负荷应是低的。

为达到"污水综合排放标准（GB 8978—1996）"，以及即将发布的饮料工业水污染物排放标准，综合废水可视污染物浓度 COD 500~4000mg/L，其中包括：果蔬汁生产综合废水 COD 600~2000mg/L、碳酸饮料 COD 1000~2000mg/L、植物蛋白饮料 COD 2000~4000mg/L、含乳饮料 COD 800~1000mg/L、茶饮料与咖啡饮料 COD 600~1000mg/L、固体饮料 COD 600~900mg/L、果蔬（茶）浓缩汁（浆）COD 2000~5000mg/L，采用一级或二级生化（一级好氧、一级厌氧与一级好氧、二级好氧）为主的多级处理工艺，各种废水清污分流后可以 COD 1000mg/L 为界，COD 小于1000mg/L 采用一级或二级好氧为主的生化处理工艺，COD 大于1000mg/L 采用一级厌氧与一级好氧为主的生化处理工艺。应着重指出的是，进入厌氧工艺的废水 COD 最好能高一些，以保证厌氧发酵有较高效率。

（7）果蔬渣生产食品添加剂与饲料与工业产品　饮料生产的果蔬渣（果皮、果核、残余果肉）生产饲料，或发酵生产蛋白饲料；柑橘皮渣生产果醋、果胶、膳食纤维、香精油、色素；酸枣核、壳生产酸枣仁、活性炭等。

第十三节　井矿制盐企业清洁生产与审核

制盐是将海盐、湖盐、井矿盐三个盐种资源，通过不同加工工艺，生产商品盐。中国盐业资源十分丰富，2015 年、2016 年全国盐业总产量分别为 6433 万 t、5975 万 t。

一、盐业清洁生产基本情况

海盐都是露天生产的，依靠太阳的辐射热，使海水在大面积的盐田内，通过自然蒸发，浓缩析盐。按产品计算，每生产 1t 海盐需要蒸发水量 100m³ 以上，占进滩海水体积的 90% 以上；海盐生产中的蒸发面积，一般占盐田总面积的 92%~95%。影响海盐生产的气象因素有蒸发、降雨、气温、湿度，以及风速和风向等。湖盐开采形式有三种：一是露天开采，直接采出固相石盐矿石；二是充水溶解石盐矿石成卤水，然后抽取人工卤水和盐湖天然卤水开滩利用太阳能蒸发晒盐；三是在石盐矿开采后晶间卤水继续自然蒸发得到再生盐。总之，湖盐矿床都是露天开采，开采方法按照机械化水平和劳动强度可分为机械开采和人工开采，其中机械开采又分为联合采盐机开采、采盐船开采、控制挖掘机开采等。

国内井矿盐生产大部分采用钻井水溶法开采方式，即将淡水通过钻孔注入矿层，把矿石溶化，形成饱和卤水，然后用泵或其他设备抽取送到地面，再采用多效蒸发真空制盐技术或其他生产工艺，制成成品盐。

根据资源成因和卤水类型不同，制盐行业采取的生产工艺也不同，海盐、湖盐是绿色环保、节能产品，在生产过程中几乎不耗能或耗能很少，通常生产1t盐最大耗能为12kgce，而生产1t井矿盐耗能在120～200kgce（蒸汽占95%以上）。因此，本节清洁生产主要介绍井矿盐生产的节能减排。

《盐行业"十二五"发展规划》已明确指出，井矿盐企业在"十二五"末，节能减排指标为：生产1t盐综合能耗降至125kgce以下；现有产能60万t/a的生产装置1t盐综合能耗控制在120kgce以下；新建装置生产1t盐综合能耗控制在110kgce以下。并将大力研发机械压缩装置（MVR）制盐技术、五效蒸发技术、液体盐综合利用技术，使劳动生产率达到3000t/（人·a）。同时，50%以上企业通过ISO14000认证，并达到清洁生产标准。

二、 井矿盐制盐行业清洁生产主要的评审标准与依据

井矿盐制盐根据其卤水类型不同，其生产工艺和能源消耗是不同的。目前，国家制定的与制盐行业清洁生产有关的要求就是一个，即《轻工行业节能减排先进适用技术指南和应用案例》（工业和信息化部2012年9月，无文号），其中的《制盐行业节能减排先进适用技术指南》有"井矿盐制盐原料消耗水平""硫酸钠型卤水原料制盐清洁生产要求""硫酸钙型卤水原料制盐清洁生产要求"，分别见表5-12、表5-13、表5-14。

表5-12　　　　　　　　　　　　　井矿盐制盐原料消耗水平

清洁生产主要指标	单位	消耗水平			
		国内准入	国内一般	国内先进	国际先进
主要原料卤水耗量	m³标方/t盐	11.0	11.0	10.3	10.3
取水	m³/t盐	3	1.63	0.6	0.6

表 5 – 13　　　　　　　　　硫酸钠型卤水原料制盐清洁生产要求

清洁生产主要指标	单位	指标数据			
		国内准入	国内一般	国内先进	国际先进
电耗	kW·h/t 盐硝	58	55	40	33
煤耗	kgce/t 盐硝	140	135	120	98
综合能耗	kgce/t 盐硝	163.5	157.3	136.2	111.4

注：本表指盐硝联产采用多效真空蒸发制盐生产

表 5 – 14　　　　　　　　　硫酸钙型卤水原料制盐清洁生产要求

能源消耗指标	单位	指标数据			
		国内准入	国内一般	国内先进	国际先进
电耗	kW·h/t 盐	58	50	42	38
煤耗	kgce/t 盐	140	162	135	110
综合能耗	kgce/t 盐	163	182	152	125

注：本表指硫酸钙型卤水采用多效真空蒸发制盐生产

三、 井矿盐制盐企业清洁生产能耗测试关注点

井矿盐制盐企业清洁生产与审核要进行能耗测试，以确定生产 1t 产品和综合利用产品能耗。应遵循物料衡算原则，根据有关标准与规范，在掌握企业生产井矿盐产量基础上，熟悉生产工艺和能耗点，根据水表、电表、蒸汽表实测，并采用估算、计算方法确定井矿盐能耗，要关注耗能大的工艺与设备，如浓缩工艺采用三效与四效或四效与五效蒸发器，生产 1t 浓缩液汽耗可相差一倍，另外，干燥机的汽耗也是很大的。

四、 井矿制盐行业清洁生产的高中费方案

制盐业清洁生产评审最后阶段要提出"实施清洁生产高费与中费方案"，以申报各类项目获国家与地方支持。纵观井矿盐制盐生产企业清洁生产，主要方案应为：

（1）筹建清洁生产主要技术指标和能耗（包括余热余压回收利用率）在线调控与监测系统，提高能源管理信息化水平。

（2）两碱（烧碱与纯碱）法卤水净化技术　两碱（NaOH 与 Na_2CO_3）法沉淀工艺净化硫酸钠型卤水，除去卤水中钙、镁离子（总量低于 10mg/L）以有利卤水的输送，

提高传热与传质效率，减少设备腐蚀，预防加热与蒸发工艺的结垢，提高产品质量，达到节能目标。

（3）石灰—烟道气法净化卤水技术　石灰—锅炉烟道气法沉淀工艺净化硫酸钠型与硫酸钙型卤水，除去卤水中钙、镁离子，从而能防止加热过程的结垢，提高制盐母液利用率和盐产品的质量，达到节能减排，产生的泥浆可返回废矿井贮存。

（4）二次蒸汽的机械压缩（MVR）制盐技术　将卤水蒸发结晶工艺生产的二次蒸汽，经再压缩提高压力后继续作为加热蒸汽制盐。

（5）五效蒸发器浓缩制盐和冷凝水热量回收利用技术　井矿盐制盐在五效蒸发浓缩生产工艺中，应全部回收加热蒸汽冷凝水及其热量。最后一效蒸发器的二次蒸汽冷凝水经过处理后，用于预热卤水，并返回矿井作为化盐水，不仅可以大量节约用水、减少污水排放，还可回收利用冷凝水热量，从而达到节能减排的目的。制盐结晶废母液返回卤水净化工序或矿井，以及生产石膏等化工产品。

（6）蒸发析硝盐硝联产技术　精制盐生产中，由于卤水中含有少量的硫酸钠成分，硫酸钠含量在卤水蒸发浓缩过程中越来越高，影响卤水蒸发沸点和蒸发强度，同时需排出大量的制盐母液并带走一部分热量，为了能够回收制盐母液和热量，可采用在高温下继续蒸发制盐母液。制盐母液在高温蒸发下，析出无水硫酸钠，析硝后的母液返回到制盐蒸发器继续蒸发制盐。此工艺中同时生产氯化钠和硫酸钠两种产品，节约能耗，提高了经济效益。

（7）三相流分效预热防结垢节能技术。

（8）两碱（烧碱与纯碱）法与石灰—烟道气法卤水净化技术和机械压缩（MVR）制盐技术的组合工艺。

附录一 名词解释

1. 热导率（导热系数）：表示物质（固体、液体）的导热能力。单位为：千焦／（米·小时·度）。

2. 给热系数：由材料传热给流体或相反的过程。单位为：千焦／（米·小时·度）。

3. 传热系数：表示两流体通过传热材料面的关系。单位为：千焦／（米·小时·度）。

4. 直接蒸汽与间接蒸汽加热：前者为蒸汽通入加热的料液内；后者是一种热流体将其热能通过器壁传给冷流体。

5. 加热蒸汽：生产的热流体（蒸汽）将其热能第一次传给冷流体。

6. 蒸汽压力：分为超临界压力、亚临界压力（17～18MPa 与 t 为 540～570℃）、超高压（14～17MPa 与 t 为 540～570℃）、高压（6～14MPa 与 t 为 460～540℃）、中压（2.5～6MPa 与 t 为 400～450℃）、低压（＜2.5MPa 与 t 为 400℃）蒸汽。低压蒸汽又分为：高等程度低压（2.5～1.3MPa）、中等程度低压（0.3～1.3MPa）、低等程度低压（0.035～0.3MPa）、低低等程度低压（＜0.035MPa）。

7. 冷凝：流体由气态变为液态的过程，有滴状、膜状冷凝。其过程为：蒸汽从过热状态首先变成饱和状态气体（无物态变化），然后饱和蒸汽在等温下成液体（有物态变化），液体继续降低温度（无物态变化）。加热蒸汽进行的加热蒸发、多效蒸发、蒸馏、结晶、干燥、灭菌等单元操作都将产生冷凝。

8. 冷却：从流体（气体、液体）取出热量的过程。

9. 热焓：表示系统能量的一个状态函数，即内能加上压强与体积的乘积（$h = u + pv$）。指在具体压力和温度下，一定重量的料液（水）或加热蒸汽、二次蒸汽所吸收的热量或含有的热量。

10. 潜热：指流体发生相变过程吸收或放出的热量。如水到达沸点时，便会吸收汽化潜热转变成水蒸气；而当水蒸气转变成液态水时，又会释放出与汽化潜热相当的能量。

11. 蒸发潜热或汽化潜热：蒸发单位重量料液所需热量。

12. 二次蒸汽：料液（水溶液）本身蒸发时产生的蒸汽。加热、蒸发、多效蒸发、结晶、干燥、灭菌等单元操作都将产生二次蒸汽。

13. 二次蒸汽压力：分为高等程度低压（1.3~2.5MPa 与 107~127℃）、中等程度低压（0.3~1.3MPa 与 67~107℃）、低等程度低压（0.035~0.3MPa 与 26~67℃）。

14. 吨产品取水量：生产 1t 产品需要从各种水源提取的水量。

15. 吨产品用水量：生产 1t 产品需用水量，总用水量应为取水量与重复利用水量之和。

16. 再生水：以污水为水源，经再生工艺净化处理后水质达到工业生产、农业灌溉、生活杂用水标准的水。

17. 直接冷却水：与被冷却物料直接接触的水。

18. 间接冷却水：通过热交换器或设备与被冷却物料隔开的冷却水。

19. 循环冷却水补充水：用于补充循环冷却水系统在运行过程中所损失的水。

20. 循环冷却水排污水：在确定的浓缩倍数条件下，需从循环冷却水系统排放的水。

21. 锅炉用水：锅炉生产蒸汽用的软化水，应包括制备软化水的损耗水。

22. 水重复利用率（%）：在一定的计量时间内，生产过程中工艺使用的重复利用水量与总用水量的百分比。

23. 综合能耗：食品企业将生产、辅助、附属生产系统实际消耗的各种能源实物量，按规定的计算方法分别折算为一次能源后的总和。

24. 标准煤当量：计算综合能耗时，各种能源折算为一次能源的单位。实际消耗的燃料能源应以低位发热量（29307 千焦［kJ]）为计算基础折算为 1 千克标准煤（1kgce）。

25. 废母液、发酵废母液：前者为提取未经发酵食品后的母液、后者为提取发酵产品后的母液。

26. 酒精糟、白酒糟、黄酒糟：粮薯与糖蜜酒精发酵成熟醪、白酒发酵成熟酒醅、黄酒发酵成熟醪经蒸馏或未经蒸馏分离产品酒后，产生的高浓度糟液或含水分的固体糟。

27. 啤酒麦糟、葡萄酒糟：啤酒麦芽（玉米）糖化醪、葡萄汁发酵成熟醪经压滤分离产生的固体废弃物。

附录二　节能减排评估和清洁生产审核

　　轻工企业要进行节能减排评估和清洁生产审核，要了解两大领域的崭新动态，筹建有关工程，请咨询轻工业环境保护研究所。

　　轻工业环境保护研究所隶属于北京市科学技术研究院，2002 年成立"中国轻工业清洁生产中心"，2008 年筹建"北京北科土地修复工程技术研究中心"，2016 年被工信部授予"轻工行业工业节能与绿色发展评价中心"。现拥有"工业场地污染与修复北京市重点实验室证书""中国轻工业节能节水与废水资源化重点实验室证书""环境影响评价甲级证书""工程咨询乙级证书"，是立足轻工行业，开展节能减排、污染防治技术研发和清洁生产审核，提供环境咨询服务的公益型研究所。

　　2002 年以来，研究所承担科研项目 76 项，其中国家级项目 12 项、省部级项目 18项、院级项目 15 项、其他类项目 31 项；编制了 40 多项国家和地方环境保护标准，其中污染物排放标准有制糖、柠檬酸、味精、糖精、啤酒、肉类加工等行业，清洁生产标准有造纸、制革、味精、淀粉、酵母、柠檬酸等；承担了 20 多个清洁生产审核和工程项目。获各类奖项 17 项，其中国家及省部级 3 项，行业 14 项。

　　研究所拥有从事轻工业节能减排和清洁生产研发与工程的一流人才和专家，熟悉各行业节能减排和清洁生产的衡算，了解行业最新动态。研究所坚持管理和科技创新，继续深化机制改革，发挥好公益性研究所责任的强化效能，以更优的质量，为全国轻工节能降耗减污和清洁生产做出更大的贡献。

参考文献

［1］张洪沅，丁绪淮，顾毓珍．化学工业过程及设备．北京：中国工业出版社，1963．

［2］郝晓刚，樊彩梅．化工原理．北京：科学出版社，2011．

［3］薛雪，吕利霞，汪武．化工单元操作．北京：化学工业出版社，2009．

［4］国家发展和改革委员会环资司组织．工业企业取水定额国家标准实施指南（一）．北京：中国标准出版社，2004．

［5］环境保护部污染防治司组织．国家环境友好企业创建工作手册．北京：中国环境科学出版社，2009．

［6］秦人伟，郭兴要，李君武．食品与发酵工业综合利用．北京：化学工业出版社，2009．

［7］华南工学院，无锡轻工业学院．酒精与白酒工艺学．北京：中国轻工业出版社，1983．

［8］天津轻工业学院，大连轻工业学院．氨基酸工艺学．北京：中国轻工业出版社，1986．

［9］王博彦，金其荣．发酵有机酸生产与应用手册．北京：中国轻工业出版社，2000．

［10］杨桂馥，罗瑜．现代饮料生产技术．天津：天津科学技术出版社，1998．

［11］中国环境科学研究院．工业污染源产排污系数手册．北京：中国环境科学研究院，2008．

［12］祁鲁梁，等．工业用水与节水管理知识问答（第二版）．北京：中国石化出版社，2010．

［13］秦人伟．碳 – 14 用于天然食品添加剂的检测．中国食品添加剂，2015，9：147 – 149．

［14］秦人伟．啤酒企业清洁生产审核．中国啤酒，2013，6：27 – 42．

［15］秦人伟．饮料企业清洁生产审核．中国饮料，2014，6：1 – 4．

［16］秦人伟．味精企业清洁生产与审核．发酵科技通讯，2013，4：47 – 49．